Untersuchungen über die Funktion der Seitenorgane an Fischen

Von

Sven Dykgraaf

Mit 16 Textabbildungen

Sonderabdruck aus
Zeitschrift für vergleichende Physiologie

(Abt. C der Zeitschrift für wissenschaftliche Biologie)

20. Band, 1. und 2. Heft
Abgeschlossen am 20. Dezember 1933

Springer-Verlag Berlin Heidelberg GmbH
1933

Die **Zeitschrift für vergleichende Physiologie**
steht offen Originalarbeiten aus dem Gesamtgebiet der allgemeinen Physiologie und der speziellen Tierphysiologie, soweit die Ergebnisse als Bausteine zu einer vergleichenden Physiologie gewertet werden können.

Die Zeitschrift erscheint zur Ermöglichung raschester Veröffentlichung in zwanglosen einzeln berechneten Heften; mit 40 bis 50 Bogen wird ein Band abgeschlossen.

Der Autor erhält einen Unkostenersatz von RM. 20.— für den 16seitigen Druckbogen, jedoch im Höchstfalle RM. 60.— für eine Arbeit.

Es wird ausdrücklich darauf aufmerksam gemacht, daß mit der Annahme des Manuskriptes und seiner Veröffentlichung durch den Verlag das ausschließliche Verlagsrecht für alle Sprachen und Länder an den Verlag übergeht, und zwar bis zum 31. Dezember desjenigen Kalenderjahres, das auf das Jahr des Erscheinens folgt. Hieraus ergibt sich, daß grundsätzlich nur Arbeiten angenommen werden können, die vorher weder im Inland noch im Ausland veröffentlicht worden sind, und die auch nachträglich nicht anderweitig zu veröffentlichen der Autor sich verpflichtet.

Von Arbeiten bis zum Umfange von 24 Druckseiten werden 50 Sonderdrucke, von längeren Arbeiten 30 Sonderdrucke gratis geliefert. Weitere 50 bzw. 30 Sonderdrucke werden zu den bisherigen billigen Preisen geliefert. Darüber hinaus gewünschte Exemplare müssen zum gleichen Preise berechnet werden, den die Arbeit im Heft kostet, da die umfangreiche Versendung von Sonderdrucken den Absatz der Zeitschrift schädigt.

Aufnahmebedingungen siehe 3. Umschlagseite.

Alle Manuskripte und Anfragen sind zu richten an

Professor Dr. K. v. Frisch, München 2 NW, Luisenstraße 14, Zoologisches Institut der Universität

oder an

Professor Dr. A. Kühn, Göttingen, Zoologisches Institut der Universität, Bahnhofstraße 28.

Die Herausgeber
v. Frisch   Kühn

ISBN 978-3-662-28029-4   ISBN 978-3-662-29537-3 (eBook)
DOI 10.1007/978-3-662-29537-3

Fernsprecher: Amt B 1, Kurfürst 8111. Drahtanschrift: Springerbuch-Berlin.
Reichsbank-Giro-Konto und Deutsche Bank, Berlin, Dep.-Kasse C

20. Band	Inhaltsverzeichnis.	1. und 2. Heft
		Seite
GRABENSBERGER, WILHELM, Untersuchungen über das Zeitgedächtnis der Ameisen und Termiten. Mit 1 Textabbildung		1
HOLZAPFEL, MONIKA, Die nicht-optische Orientierung der Trichterspinne Agelena labyrinthica (CL.). (Kinästhesie, Orientierung nach Gefälle, Starrheitstaxis.) Mit 24 Textabbildungen		55
ZERRAHN, GERTRUD, Formdressur und Formunterscheidung bei der Honigbiene. Mit 20 Textabbildungen		117
WOLF, ERNST, Das Verhalten der Bienen gegenüber flimmernden Feldern und bewegten Objekten. Mit 3 Textabbildungen		151
DYKGRAAF, SVEN, Untersuchungen über die Funktion der Seitenorgane an Fischen. Mit 16 Textabbildungen		162
v. WOELLWARTH, CARL, Über die Beziehungen der Seitensinnesorgane der Fische zum Nervensystem. Mit 21 Textabbildungen		215
OESTERLIN, M. und TH. v. BRAND: Chemische Eigenschaften des Polysaccharides einiger Würmer und der Oxyfettsäuren von Moniezia expansa		251
SCHLIEPER, CARL: Weitere Untersuchungen über die Beziehungen zwischen Bau und Funktion bei den Excretionsorganen dekapoder Crustaceen		255
BOREI, HANS, Beiträge zur Kenntnis der Vorgänge bei der Befruchtung des Echinodermeneies. Mit 1 Textabbildung		258
SANDER, WILHELM, Phototaktische Reaktionen der Bienen auf Lichter verschiedener Wellenlänge. Mit 4 Textabbildungen		267
LENNERSTRAND, ÅKE, Aerobe und anaerobe Glykolyse bei der Entwicklung des Froscheies (Rana temporaria L.)		287
REINDERS, D. E., Die Funktion der Corpora alba bei Porcellio scaber		291

(Aus dem Zoologischen Institut der Universität München.)

UNTERSUCHUNGEN ÜBER DIE FUNKTION DER SEITENORGANE AN FISCHEN.

Von

SVEN DYKGRAAF.

Mit 16 Textabbildungen.

(Eingegangen am 30. August 1933.)

Inhaltsverzeichnis.

	Seite
Einleitung	162
Allgemeine Bemerkungen	166
I. Das Wahrnehmungsvermögen der Fische für schwache Wasserbewegungen	167
1. Fernwahrnehmung fester Körper	167
2. Wahrnehmung feiner Wasserstrahlen	174
II. Die Folgen partieller und totaler Ausschaltung der Seitenorgane	176
1. Technik der Ausschaltung des Seitenorgansystems	176
2. Fernwahrnehmung fester Körper	180
3. Wahrnehmung feiner Wasserstrahlen	184
III. Die Reaktionen auf gröbere Strömungen (Rheotaxis)	186
1. Gerade Ströme von großem Querschnitt	187
2. Gerade Ströme von kleinem Querschnitt (Strahlen)	192
3. Kreisströme	193
IV. Betrachtung weiterer Fragen	196
1. Freie Sinneshügel und Kanalorgane	196
2. Seitenorgansystem und Labyrinth	201
3. Die biologische Bedeutung der Seitenorgane	205
V. Zur Funktion der übrigen Hautsinnesorgane	207
1. Hauttastsinn	207
2. Geschmackssinn der äußeren Haut	208
Zusammenfassung	211
Literaturverzeichnis	212

Einleitung.

Nachdem über die Funktion der Seitenorgane lange Zeit Unklarheit geherrscht hatte, gelang es HOFER, eine Entscheidung herbeizuführen. Die heute verbreitete Ansicht, nach der das Seitenliniensystem ein „Organ zur Wahrnehmung von Wasserströmungen" darstellt geht im wesentlichen auf seine Versuche zurück. War damit das Problem der Seitenorganfunktion im Prinzip gelöst, so blieb andererseits eine Reihe von Fragen unbeantwortet oder ungenügend geklärt, wie sich aus der folgenden kurzen Übersicht der neueren Arbeiten ergeben wird [1].

HOFER (1908) richtete auf ruhig am Boden liegende, durch Trüben der Cornea teilweise geblendete Hechte *(Esox)* Wasserstrahlen von bestimmter Stärke (Ausflußmenge 1 Liter in 48 Sek., Öffnungsweite 4—5 mm, Entfernung vom Fisch 20—80 cm). Sobald der Strom den Hecht erreichte, zeigte er seine Erregung durch wedelnde Flossenbewegungen. Es wurden daraufhin die Seitenorgane ausgeschaltet (Rumpf: Durchschneidung und Extraktion des R. lat. X von der Kiemenspalte aus; Kopf: Ausglühen der Poren, zum Teil auch der Kanäle mit einem Thermokauter). Die Flossenreaktion blieb danach aus, sogar dann, wenn die Ausflußöffnung dem Fisch bis auf 1 cm genähert wurde. War der Strom so stark, daß der Hecht passiv gedreht oder verschoben wurde, dann erfolgten auch jetzt noch Reaktionen. Bei partieller Ausschaltung fiel die Reaktion nur bei Reizung des operierten Teiles aus. HOFER schließt aus diesen Versuchen, *daß die Seitenorgane auf schwache Wasserströme ansprechen*, und ferner, daß diese Reize von den übrigen Sinnesorganen nicht wahrgenommen werden.

Aus der Tatsache, daß ein stärkerer Strom (d. h. derselbe Strom aus geringerer Entfernung) auch eine stärkere Reaktion auslöst, folgert HOFER, daß die Stärke der Ströme unterschieden werden kann. Weniger begründet war der Schluß, daß auch die *Richtung* des Stromes aufgefaßt wird: Einem Hecht wurde der R. lat. X rechts durchtrennt, so daß die rechte Rumpfseite für Ströme unempfindlich war. Aber die Reaktion fiel auch aus, wenn der Strom parallel der rechten Seite von hinten über den Kopf ging. HOFER dachte sich die Orientierung über die Stromrichtung so, daß etwa bei von hinten kommenden Strömen die Rumpforgane eher und stärker gereizt würden, als die des Kopfes. Ohne dies zu bezweifeln muß man doch bemerken, daß eine solche Richtungsperzeption durch den genannten Versuch keineswegs bewiesen wird. Denn der Reaktionsausfall kann dadurch veranlaßt sein, daß der gerade von hinten kommende Strom den Kopf kaum oder gar nicht berührte. Gibt doch HOFER selbst an, daß nach der beiderseitigen Ausschaltung der Rumpforgane der Kopf für *schräg* von hinten kommende Ströme noch empfindlich war. Die Frage, ob und in welchem Maß eine Perzeption der Stromrichtung stattfindet, blieb also trotz HOFERs bestimmter Stellungnahme offen.

In weiteren Versuchen richtete HOFER einen sehr dünnen Wasserstrahl ($^1/_2$ bis 1 mm) aus unmittelbarer Nähe auf die Seitenlinie. Es erfolgte keine Reaktion. Verbreiterung des Strahles, so daß er gegen größere Flächen gerichtet war, löste sofort die Reaktion aus. Leichte Erschütterungen wurden von Hechten mit und ohne Seitenorgane in gleicher Weise durch plötzliches Zusammenzucken beantwortet. Schließlich gibt HOFER noch an, daß ein schwimmender Hecht mit getrübter Cornea ein vor der Schnauze gehaltenes Lineal (4 cm breit) in $^1/_2$—1 cm Entfernung bemerkt, welche Fähigkeit er durch Kauterisation der Kanalorgane am Kopf verliert.

WUNDER (1927) konnte HOFERs Angaben bestätigen. Er bemerkte, daß hungrige Hechte mit Schnappen nach dem Strom reagieren. Nach einem zappelnden Fischchen wurde auf 5—10 cm geschnappt, nach einem toten nicht. Nach Ausschaltung der Seitenorgane (Methode wie bei HOFER) fiel die Reaktion auf bewegte Beute aus. Ähnlich wie die blinden Hechte benahmen sich hungrige Quappen *(Lota)* und Aale *(Anguilla)*. Andere Fische, darunter Elritzen und Zwergwelse, reagierten nicht.

---

[1] Für die älteren Arbeiten von DE SÈDE (1884), BATESON (1889), NAGEL (1894), FUCHS (1895), RICHARD (1896), BONNIER (1896), STAHR (1897), LEE (1898) und PARKER (1904) sei auf die ausführliche kritische Darstellung bei HOFER (1908) verwiesen.

PARKER (1909) hatte unabhängig von HOFER gefunden, daß lokaler Druck auf die Seitenlinie von *Mustelus canis* mit zerstörtem Rückenmark (also fehlendem Hauttastsinn am Rumpf) Verlangsamung der Atembewegungen zur Folge hatte. Auch ein auf die Seitenlinie gerichteter Wasserstrom hatte denselben Effekt. Druck auf die Haut ober- oder unterhalb der Seitenlinie löste keine Reaktion aus. Damit hatte PARKER nachgewiesen, daß bei Haifischen die Seitenorgane auf Wasserstromdruck ansprechen, was ich in Verband mit seiner sonstigen Stellungnahme besonders betonen möchte.

DOTTERWEICH (1932) machte Versuche nach dem Muster HOFERS an einem anderen Haifisch *(Scyllium catulus)* und kam zu ganz ähnlichen Ergebnissen.

SCHARRER (1932) beobachtete, daß geblendete Amphibienlarven *(Amblystoma punctatum)* auf ein Pipettenströmchen reagierten mit Schnappen nach der gereizten Seite. Wenn durch Wegnahme der Seitenorgananlage an einer Seite des Kopfes auf einem frühen Entwicklungsstadium die Sinneshügel dort später fehlten, fiel die Reaktion an dieser Seite aus, während sie an der intakten erhalten blieb.

KRAMER (1933) konnte feststellen, daß geblendete *Xenopus* (wasserbewohnende Anuren mit persistierenden Seitenorganen) eine in ihrer Nähe (bis zu 15 cm) leicht bewegte Plastilinkugel (Durchmesser 7,5 mm) wie ein Beuteobjekt mit einem Stoß gerichtet anschwimmen. Nach Ausschaltung der Seitenorgane (Ausbrennen mit einer glühenden Nadel) war das Wahrnehmungsvermögen erheblich verschlechtert; jedoch konnte durch stärkere Bewegung der Kugel in einer Entfernung bis zu einigen Zentimetern noch eine (schwächere) Reaktion ausgelöst werden. Zweifel an der Vollständigkeit der Seitenorganausschaltung sind aber nicht ganz ausgeschlossen; auch könnte der Plastilingeruch dieses Ergebnis vielleicht beeinflußt haben [1].

Während sich in den bisher besprochenen Versuchen gezeigt hat, daß die Seitenorgane *schwache Wasserbewegungen* perzipieren, gibt es eine Reihe weiterer Arbeiten, in denen versucht wird nachzuweisen, daß der adäquate Reiz nicht in Strömungen, sondern in *periodischen Schwingungen* (von niederer Frequenz) besteht.

Diese Versuche (PARKER 1904; PARKER und v. HEUSEN 1917; DYE 1921; MANNING 1924; RODE 1929) haben neuerdings durch v. FRISCH und STETTER (1932) eine ausführliche kritische Darstellung erfahren, so daß ich unter Hinweis darauf von einer Besprechung absehen kann. Ich möchte nur hervorheben, daß die Beweisführung in keiner dieser Arbeiten einwandfrei ist.

Daß im Gegenteil die Seitenorgane an der Perzeption tiefer Töne unbeteiligt sind, konnten v. FRISCH und STETTER an der Elritze zeigen. Taube Elritzen (d. h. solche, bei denen beiderseits Sacculus und Lagena exstirpiert sind) lassen sich auf tiefe Töne noch gut dressieren, müssen dieselben also wahrnehmen. Nach Ausschaltung der Seitenorgane reagierten sie ebensogut wie vorher. (Methode: Durchschneidung und Resektion der Trigeminus- und Facialisäste am Kopf, des R. lat. X am Rumpf, Behandlung der restlichen Organe mit dem Galvanokauter). v. FRISCH und STETTER finden also „für die Behauptung, daß die Seitenorgane an der Wahrnehmung tiefer Töne beteiligt sind keine Stütze", sondern nehmen an, daß hier der Hauttastsinn in Funktion tritt.

Eine dritte Gruppe von Arbeiten beschäftigt sich mit der als „*Rheotaxis*" bezeichneten Einstellung der Fische gegen Strömungen.

---

[1] Leider erschienen KRAMERs aufschlußreiche Untersuchungen erst nach Abschluß der vorliegenden Arbeit. Die Tatsache, daß wir unabhängig zu Ergebnissen kamen, die im wesentlichen übereinstimmen, mag Zeugnis für deren Richtigkeit ablegen.

Untersuchungen über die Funktion der Seitenorgane an Fischen. 165

PARKER (1904) beobachtete, daß verschiedene Fischarten sich in geraden Strömen streng rheotaktisch verhielten, gleich ob ihre Seitenorgane ausgeschaltet waren oder nicht. PARKER schloß hieraus, daß Ströme die Seitenorgane nicht erregen. Der Schluß war nicht zwingend, denn Gesichts- und Tastsinn blieben intakt und gerade diese Sinne spielen bei der rheotaktischen Einstellung eine große Rolle. Das zeigte sich schon im nächsten Jahre durch die grundlegenden Untersuchungen LYONs.

LYON (1905) ließ seine Versuchsfische (u. a. *Fundulus*) in einer geschlossenen, im Strom schwimmenden Flasche am Ufer entlangtreiben. Sie stellten sich unter Schwimmbewegungen mit dem Kopf ans stromauf gewendete Ende, zeigten also „rheotaktische" Einstellung, die rein optisch bedingt war. Weiter machte er die wichtige Beobachtung, daß geblendete Fische sich erst einstellten, wenn sie feste Gegenstände berührten. Nach LYON war die sinnliche Verbindung mit der festen Umgebung demnach der wichtigste Faktor bei der Einstellung. Er gab zwar schon an, daß in raschen und ungleichmäßigen Strömen eine Einstellung bis zu einem gewissen Grade auch ohne optische oder taktile Reize möglich ist, da er sich aber auf PARKERS Befunde stützte, zog er die Seitenorgane nicht in Betracht.

HOFER (1908) kam auf Grund seiner oben erwähnten Versuche zu der Ansicht, daß es die Hauptaufgabe der Seitenorgane sei, die Fische von Stärke und Richtung der natürlichen Wasserströmung zu unterrichten: „Ohne dieses Organ würden mit der Zeit alle Fische aus den Strömen schließlich herausgeschwemmt werden." Ausreichend begründet war diese Ansicht freilich nicht. Denn die von ihm angewendeten, relativ sehr schwachen und nur lokal auf den Fischkörper auftreffenden Ströme sind mit den in Bächen und Flüssen gegebenen doch wohl nicht ohne weiteres zu identifizieren. Außerdem reagierten die Tiere auf stärkere Ströme auch nach Ausschaltung der Seitenorgane.

STEINMANN (1914) untersuchte das Verhalten einiger Fische (u. a. der Elritze) in Kreisströme und konnte bestätigen, was schon LYON nachgewiesen hatte: daß die Einstellung optisch beeinflußt werden kann, daß sie andererseits auch ohne optische Orientierung zustande kommt. Da taktile Reize auch nicht wirksam wären, müßten direkte Stromdruckreize in Frage kommen. Zwingend war diese Schlußfolgerung nicht, da das Labyrinth (Drehungssinn) unberücksichtigt blieb. Noch im gleichen Jahre erkannte STEINMANN in einer zweiten Arbeit die Rolle des Labyrinthes beim Verhalten der Groppe *(Cottus)* auf der Drehscheibe. Die Seitenorgane wären nun eine Art Ergänzung des Labyrinthes, was experimentell damit begründet wird, daß eine Barbe *(Barbus)* mit „kokainisierter Seitenlinie"(?), in einem Käfig im Strom gehalten, häufig gegen das Gitter gedrückt wurde. Erst als das Kokain ausgewirkt hatte, erfolgte gute Einstellung. Die Reaktionsstörung war aber wohl die Folge einer allgemeinen Schädigung durch das Kokain; die Frage nach der Beteiligung der Seitenorgane bei der rheotaktischen Einstellung blieb also weiterhin ungeklärt.

SCHIEMENZ (1927) wiederholte zunächst STEINMANNs Versuche auf der Drehscheibe, hauptsächlich mit Stichlingen *(Gasterosteus)*. Wiederum wurde die Bedeutung des Gesichtssinnes bestätigt (auch für die Elritze). Dann zeigten die Fische das Bestreben, die Längsachsenrichtung ihres Körpers beizubehalten, d. h. passiven Drehungen um die Vertikalachse entgegenzuarbeiten. Die Einstellung im Kreisstrom sei im übrigen weder durch Tangorezeption des Bodens, noch durch Strömungsdruck oder eine etwaige Perzeption von Strömungsdifferenzen bedingt. Irgendeine Bedeutung kommt diesen Schlußfolgerungen nicht zu, denn die ihnen zugrunde liegenden Versuche wurden in einer Weise angestellt (an normalen, sehenden Stichlingen), die eine mögliche Mitbeteiligung taktiler oder rheotaktiler Reize von vornherein schwerlich zur Geltung kommen ließ. Weitere (methodisch unklare) Versuche mit „Geraden Strömungen" waren noch weniger geeignet, über die neben dem Auge beteiligten Sinnesorgane Aufschlüsse zu liefern.

Im Anschluß an die oben erwähnten Versuche von v. FRISCH und STETTER schien es wünschenswert, das Studium der Seitenorganfunktion mit Hilfe der Dressurmethode erneut in Angriff zu nehmen. Zwar haben die HOFERschen Versuche mit Recht allgemeine Anerkennung gefunden, eine einheitliche Ansicht über die biologischen Aufgaben der Seitenorgane hat sich aber bis heute nicht durchgesetzt. So gehen besonders die Meinungen über die Rolle der Seitenorgane bei der rheotaktischen Einstellung der Fische sehr auseinander, ohne daß eine von ihnen ausreichend experimentell begründet wäre. Der Klärung dieser Fragen dient ein wesentlicher Teil der vorliegenden Arbeit. Daneben wurde auf andere Punkte, wie die Beziehungen zum Labyrinth, die feineren Vorgänge bei der Reizung u. a. m. eingegangen.

Meinem sehr verehrten Lehrer, Herrn Prof. K. v. FRISCH, möchte ich für die Anregung zu dieser Arbeit wie für sein Interesse an ihrem Fortgang danken. Für die freundliche Aufnahme in die Zoologische Station in Neapel bin ich Herrn Prof. R. DOHRN, für die Überlassung eines Arbeitsplatzes der „Koninklyke Akademie van Wetenschappen" (Amsterdam) zu großem Dank verpflichtet. — Die Arbeit wurde durch Mittel der Notgemeinschaft der deutschen Wissenschaft, die Herrn Prof. v. FRISCH zur Verfügung standen, wesentlich gefördert.

Allgemeine Bemerkungen.

Das Material setzte sich aus folgenden Fischen zusammen:

Anzahl der Versuchs- fische	Art		Familie	Größe in cm
	Deutscher Name	Lateinischer Name		
178	Elritzen	*Phoxinus laevis*	*Cyprinidae*	5— 8
3	Gründlinge	*Gobio fluviatilis*	*Cyprinidae*	8—12
11	Bartgrundeln	*Nemachilus barbatulus*	*Cobitidae*	6— 9
3	Schlammpeitzger	*Cobitis fossilis*	*Cobitidae*	8—14
6	Großflosser	*Macropodus viridiauratus*	*Osphromenidae*	5— 7
14	Meerraben	*Corvina nigra*	*Sciänidae*	15—25
1	Kaulbarsch	*Acerina cernua*	*Percidae*	12
7	Zwergwelse	*Amiurus nebulosus*	*Siluridae*	6—17

Die Makropoden entstammten einem Teich des botanischen Gartens in München. Die Versuche an *Corvina* wurden in der Zoologischen Station in Neapel angestellt. Die übrigen Fische waren meist aus der Umgebung Münchens.

Untersucht wurde das *Wahrnehmungsvermögen für Wasserbewegungen* und zwar, sofern die Fische nicht spontan charakteristisch reagierten, mit Hilfe der Dressurmethode. Durch operative *Ausschaltung der Seitenorgane* wurde sodann festgestellt, inwiefern sie an der Wahrnehmung dieser Wasserbewegungen beteiligt sind. Für die Elritze wurde eine Methode ausgearbeitet, die es ermöglicht, unter Schonung des Hauttastsinnes dennoch das Seitenorgansystem vollständig außer Funktion zu

Untersuchungen über die Funktion der Seitenorgane an Fischen. 167

setzen. Die Versuche wurden mit *einzeln gehaltenen*, zur Ausschaltung optischer Einflüsse *geblendeten* Fischen durchgeführt.

Die Exstirpation der Bulbi wurde fast ohne Ausnahme gut überstanden. Elritzen und die meisten der übrigen Fische wurden nach der Methode von v. FRISCH (1932) in Urethannarkose bei künstlicher Atmung auf ein Operationstischchen gelegt. *Corvina* wurde nach Vorbetäubung in eine flache Wanne mit Chlorethonlösung gebracht und in Seitenlage durch ein übergelegtes, festgestecktes Netz fixiert.

I. Das Wahrnehmungsvermögen der Fische für schwache Wasserbewegungen.

1. Fernwahrnehmung fester Körper.

Zur mechanischen Fernreizung wurden Glasstäbe verwendet, die an einem Ende ausgezogen und zu einem flachen Scheibchen von bestimmtem Durchmesser (3—12 mm) geformt waren (Abb. 1). Der (ausgezogene) Stiel des Scheibchens war fest und wenig biegsam (Durchmesser 1,5—2,5 mm, Länge 5 cm). Bei der Reizung wurde das mit der Hand gehaltene „Stäbchen" ins Wasser getaucht und die Scheibe mit der Fläche auf den Fisch zubewegt[1].

Sofern die Tiere nicht spontan charakteristisch reagierten wurden sie dressiert. Neben der Futterdressur erwies sich die Dressur auf einen Schreckreiz aufschlußreich. Statt Futter erhielten die Fische leichte Schläge, am zweckmäßigsten mit dem Stäbchen selbst. Nach kurzer Zeit reagieren sie auf das Annähern des Stäbchens mit fluchtartigem Wegschießen und diese Reaktion bleibt in der Regel auch ohne weitere Bestrafung erhalten.

Elritze (Abb. 2[2]). Die *Futterdressur* wurde mit dem Stäbchenreiz rasch erlernt. Einige wenige Elritzen schnappten spontan, also schon beim ersten Versuch, nach dem Glas. Meist genügten 3 bis 4 Fütterungen um eine regelmäßige Reaktion zu erhalten. Zunächst zeigte sich, daß die Tiere bei Reizung des Kopfes, besonders seitlich, in der „guten" Richtung schnappten, oft genau ans Glas. Bei Reizung des Rumpfes wurde der Kopf nach der betreffenden Seite gewendet. Die Lokalisation war bei 5 von 8 daraufhin geprüften Elritzen so gut, daß sie sich bei Reizung der Schwanzseite (Entfernung des Stäbchens etwa 1 cm) auf der Stelle um 180° wendeten und genau ans Glas

Abb. 1. Glasstäbchen zur mechanischen Fernreizung.

---

[1] Die physikalischen Vorgänge werden am Ende dieses Abschnitts besprochen (S. 173).

[2] Zahl und Lage der freien Sinneshügel (und nebenbei auch der Geschmacksknospen) kann man auf einfache Weise dadurch sichtbar machen, daß man den frisch getöteten Fisch auf einige Stunden in 10%ige Salpetersäure einlegt. Auch 1—2tägige Behandlung mit 1%iger Chromsäurelösung liefert ein klares Bild.

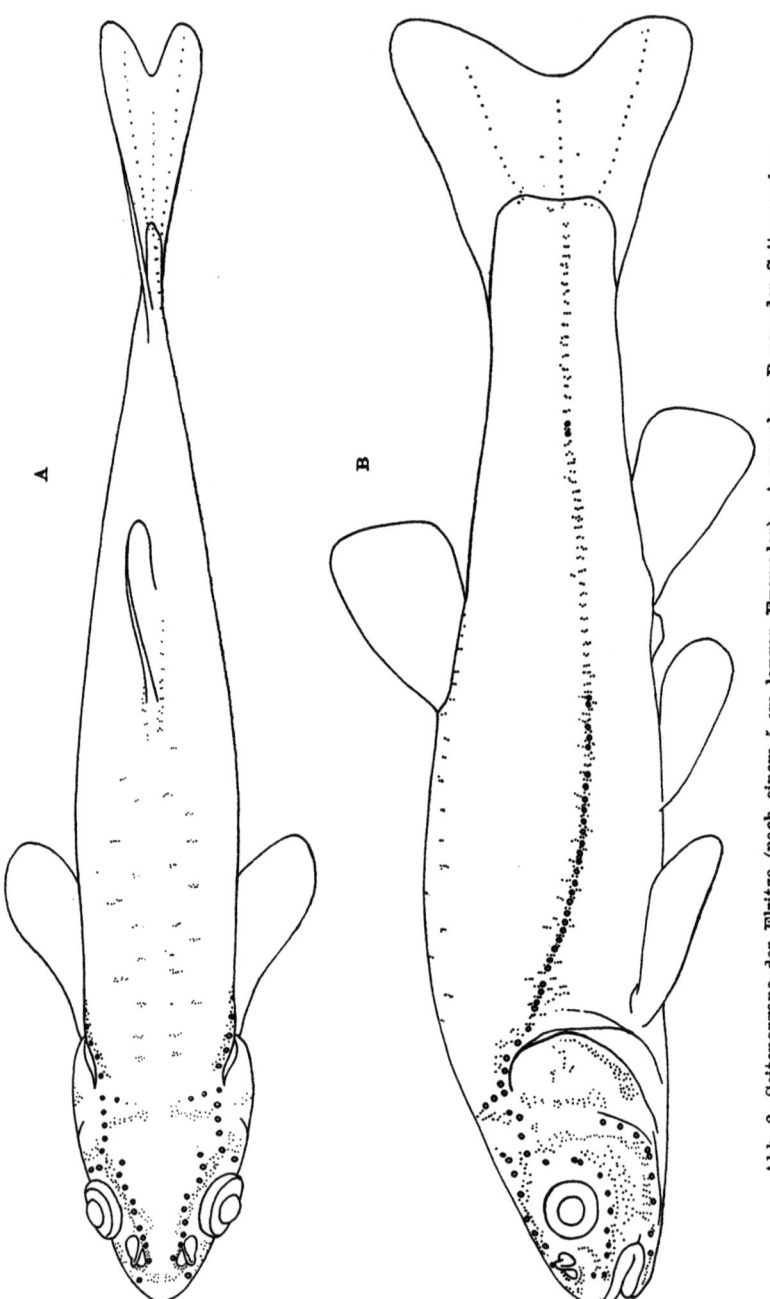

Abb. 2. Seitenorgane der Elritze (nach einem 5 cm langen Exemplar). A von oben, B von der Seite gesehen. • Freie Sinneshügel, o Poren der Seitenkanäle.

schnappten. Ein neben dem Schwanz (oder dem Kopf) bewegtes Futterbröckchen wurde zielsicher aufgeschnappt. *Der Fisch ist also bei lokaler Reizung über den Ort der Einwirkung genau unterrichtet.*

Um ein Bild der Empfindlichkeit bei der Fernwahrnehmung kleiner Körper zu bekommen, wurden Stäbchen verwendet, die zu einem Faden ausgezogen waren (also ohne Scheibchen am Ende). Wenn ich diese ruhig ins Wasser zu halten versuchte, zitterte das Ende ein wenig (etwa über 2 mm); es wurde die Entfernung bestimmt, in der die Fische hierauf reagierten. Unter zahlreichen Versuchen dieser Art war die empfindlichste Reaktion das zielgerichtete Schnappen nach einem Faden von $^1/_4$ mm Durchmesser in 1 cm Entfernung, gleich an Kopf und Rumpf. Es können demnach auch *sehr geringfügige* Wasserbewegungen perzipiert werden.

Auch eine 3 cm lange Elritze, die ausschließlich freie Seitenorgane besaß (Feststellung nach dem Tode), reagierte auf Annäherung von Glasfäden und Stäbchen mit orientiertem Schnappen.

Die *Schreckdressur* wird nicht weniger rasch erlernt, als die Futterdressur. Aufgeregte Fische reagieren spontan, in starkem Schreck sogar dann, wenn sie schon auf Futter dressiert waren. Die Reaktion besteht in einem schreckhaften Satz; nur selten und nur bei schwacher Reizung begnügt sich der Fisch mit Abwenden und Ausweichen. Es ließen sich Stärkegrade der Reaktion unterscheiden: bei schwacher Reizung war der Satz nur kurz und die Tiere blieben sonst ruhig, während sie bei starker Reizung zuweilen vor Schreck aus dem Aquarium sprangen und immer größere Erregung verrieten. Noch auffälliger zeigte sich das *Unterscheidungsvermögen für verschiedene Reizstärken* bei der Verwendung von zwei ungleich großen Stäbchen. So löste ein größeres Stäbchen bei (möglichst) gleicher Führung eine merklich stärkere Reaktion aus.

Nähert man dem Fisch eine größere Scheibe (z. B. ein an einem Stiel befestigter Objektträger), so kann man sich leicht überzeugen, daß die Wahrnehmung während deren Bewegung erfolgt, lange bevor die hinter ihr entstehenden Strömungen den Fisch erreicht haben (bei ruhiger Führung etwa in einer Entfernung von 10—12 cm). Die Wahrnehmung geschah also auf Grund der *vor* dem Objektträger erzeugten Wasserbewegung (vgl. S. 173).

Es kam häufig vor, daß eine mit einem *kleinen* Stäbchen auf Futter dressierte Elritze bei der eingeschalteten Prüfung mit einem *großen* Schreckreaktion zeigte, besonders bei Reizung des Schwanzes.

Gründling. Drei futterdressierte Gründlinge reagierten auf den Stäbchenreiz, auch auf Glasfäden, nach Art der Elritzen mit orientierten Suchbewegungen.

Bartgrundel (Abb. 3). Die Empfindlichkeit für bewegte Körper ist die gleiche, wie sie oben für Elritzen beschrieben wurde. Es fiel wieder auf, wie sicher manche Bartgrundeln mit einem Satz nach einem neben dem Schwanz gehaltenen Glasfaden schnappten. Deutlich zeigte sich, wie das schon bei einigen Elritzen zu beobachten war, daß bei Reizung der *Kopf*organe Neigung zur *Futter*reaktion besteht, bei Reizung der *Rumpf*organe (besonders in der Schwanzregion) dagegen Neigung zur *Schreck*reaktion. Dieselbe Wirkung hat Variation der Reizstärke: nach kleinen Stäbchen (Fäden) wurde gerne geschnappt, vor größeren und stärker bewegten

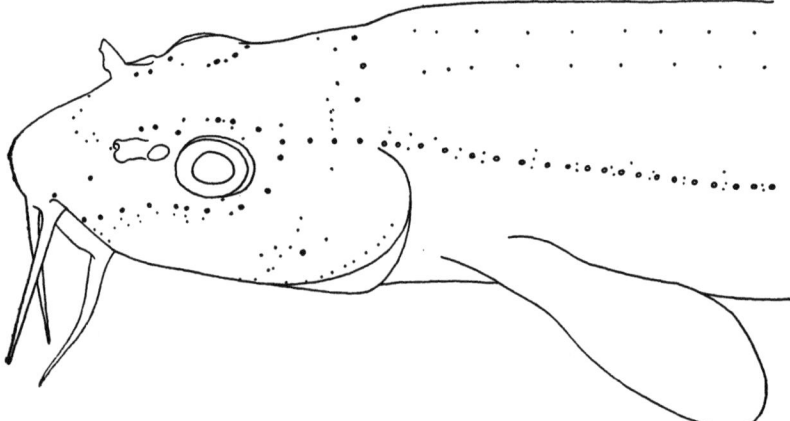

Abb. 3. Seitenorgane der Bartgrundel (Ansicht schräg von oben). • Freie Sinneshügel, o Poren der Seitenkanäle.

wurde geflohen. So konnten gut schreckdressierte Bartgrundeln auf einen neben dem Kopf gehaltenen Glasfaden gelegentlich mit Schnappen reagieren, und umgekehrt gut futterdressierte bei Reizung des Rumpfes

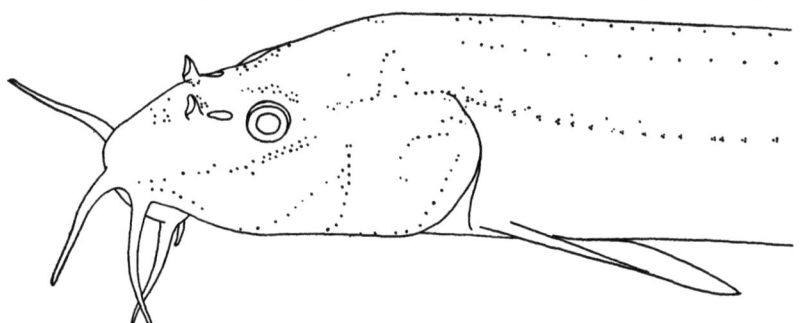

Abb. 4. Seitenorgane des Schlammpeitzgers (Ansicht etwas schräg von oben). • Freie Sinneshügel. Seitenkanäle fehlen zeitlebens.

mit einem großen Stäbchen mit Wegschießen. Diese Erscheinungen sind biologisch leicht verständlich.

Weiter konnte an suspendierten Teilchen nochmals festgestellt werden, daß ein ruhender Fisch ein langsam und gleichmäßig auf ihn zubewegtes Stäbchen bemerkt, noch bevor die dahinter erzeugte Strömung ihn erreicht hat; d. h. während der Bewegung in einer Entfernung von mehreren Zentimetern (vgl. S. 173).

Schlammpeitzger (Abb. 4). Im Gegensatz zur nahe verwandten Bartgrundel fehlen dem Schlammpeitzger Seitenkanäle. Er besitzt zeitlebens nur freie Sinneshügel. Drei Tiere wurden schreckdressiert. Bei gleichmäßiger, langsamer Annäherung eines Scheibchens von 1 cm Durchmesser reagierten sie in 2—3 cm Entfernung mit Wegschießen (Rumpfreizung). Bartgrundeln reagierten im gleichen Falle durchschnittlich in 3—4 cm Entfernung.

Makropode (Abb. 5). Makropoden reagieren nach der Blendung *ohne vorhergehende Dressur* auf das Annähern von Stäbchen, und zwar mit Abwenden (Schreckreaktion) oder mit Hinwenden (Futterreaktion).

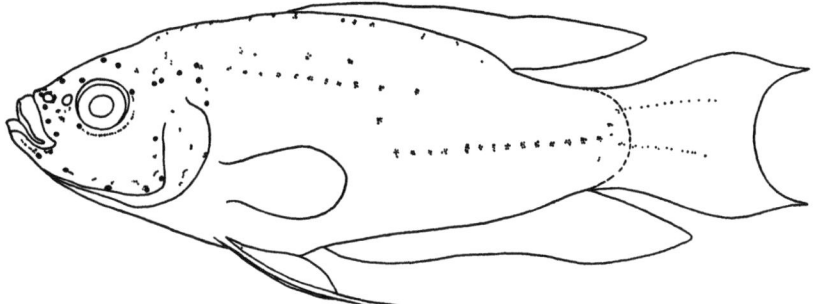

Abb. 5. Seitenorgane der Makropoden. Seitenkanäle nur am Kopf ausgebildet. Freie Sinneshügel, o Poren der Kopfkanäle.

Eine Anzahl Versuche wurde mit dem Ziel angestellt, etwaige Reaktionsunterschiede bei Reizung des Kopfes (Kanalorgane und freie Organe) oder des Rumpfes allein (nur freie Organe) aufzufinden.

Schreckreagierende Makropoden beantworten schwache Reizung am Kopf mit Ausweichen nach der entgegengesetzten Seite. Die Fische können mittels des Stäbchens an eine beliebige Stelle des Aquariums „gedrückt" werden. Schwache Reizung am Rumpf bewirkt rasches, bogenförmiges Vorwärtsschwimmen, ein starker Schlag an Kopf und Rumpf Wegschießen.

Futterreagierende Makropoden folgen einem langsam durchs Wasser bewegten Stäbchen in 1—2 cm Entfernung mit großer Geschicklichkeit. Auch sie können auf diese Weise beliebig herumgeführt werden. Kommt das Stäbchen dem Kopf zu nahe, dann wird zielsicher ans Glas geschnappt. Bei Rumpfreizung wenden sich die Tiere plötzlich um.

Sowohl bei schreck- wie bei futterreagierenden Tieren sind die Reaktionen auf bewegte Körper am Kopf besser als am Rumpf. Das zeigt sich bei schwach bewegten, großen Stäbchen darin, daß sie am Kopf während ihrer Annäherung meist schon aus größerer Entfernung (2—3 cm) gespürt wurden, am Rumpf dagegen erst in der Nähe ($^{1}/_{2}$—1 cm). Glasfadenreizung wurde am Kopf regelmäßig beantwortet, während am Rumpf entweder gar keine, oder erst bei längerer Reizung eine Reaktion erhalten wurde.

Corvina. Dieser Fisch zeichnet sich aus durch ungeheure Geräumigkeit der Seitenkanäle des Kopfes und entsprechender Größe der darin liegenden Sinneshügel, wie das LEYDIG schon 1851 beschrieb.

Eine geblendete *Corvina* schwimmt ständig sehr langsam herum, hauptsächlich durch Bewegung der Brustflossen. Meist hält sie sich etwa 2—3 cm über dem Boden des Aquariums, so daß die langen Bauchflossen, die offenbar als Tastwerkzeuge funktionieren, mit der Spitze daran schleifen. Die hohe erste Rückenflosse wird normalerweise halb zusammengelegt gehalten, auf schwache Reize hin aber prompt voll aufgerichtet. So z. B. wenn man mit dem Finger ans Aquarium tupft (100×40 cm, Wasserhöhe 30 cm) oder den Fisch mit einem am Ende stumpf geschmolzenen Glasfaden leicht berührt. Diese Flossenreaktion erfolgte auch bei oft wiederholter Reizung regelmäßig.

Bei Annäherung an eine Wand stutzten die Fische in 1—2 cm Entfernung (Einhalten, kurzes Heben der Rückenflosse) und wechselten die Richtung, ohne irgendwo anzustoßen. Ein rundes Abflußrohr (3 cm Durchmesser) bemerkten sie erst im letzten Augenblick, etwa auf 3 mm Entfernung.

Eine etwa $2^{1}/_{2}$ cm breite Holzlatte wurde senkrecht ins Wasser gehalten und sehr langsam zum Kopf des ebenfalls langsam herangleitenden Fisches hinbewegt. Führte man die Latte gerade von vorne, dann erfolgte auf 2—4 cm die Reaktion[1] (plötzliches Anhalten und Heben der Flosse). Näherte man die Latte weiter, dann fing der Fisch an zurückzurudern, oder er drehte sich um und schwamm davon. Seitlich am Kopf wurde die Latte früher gespürt als von vorne (3—7 cm). Kam sie von links, dann wendete sich der Fisch nach rechts ab, kam sie von oben nach unten und umgekehrt.

Es war auch hier deutlich, daß die *vor* der Latte erzeugte Wasserbewegung die Reaktionen auslöst (vgl. S. 173).

Kaulbarsch. Dieser Fisch hat ebenfalls stark erweiterte Kopfkanäle mit großen Sinnesorganen (LEYDIG, 1850). Der geblendete Kaulbarsch reagierte bei der ersten Prüfung mit Abwenden und Ausweichen, ähnlich wie es oben für *Corvina* dargestellt wurde. Nach wenigen Fütterungen änderte sich sein Verhalten aber rasch zu ausgezeichneten Futterreaktionen. Der Fisch wurde in einem großen, flachen Versuchsbecken gehalten (100×60 cm, Tiefe 10 cm). Es war erstaunlich, mit welcher Geschicklichkeit er einem schlagend durchs Wasser bewegten Glasstäbchen unter häufigem Schnappen nachfolgte. Wiederholt erhaschte er das Scheibchen, bevor ich es wegziehen konnte. Seine raubgierige Erregung dabei

---

[1] Bei rascherer Annäherung schon in wesentlich größerer Entfernung, etwa bis zu 10—15 cm.

(Aufrichten der Rückenflosse usw.) bot dasselbe Bild, das sehende Barsche beim Jagen zeigen.

Die Empfindlichkeit am Kopf mögen einige Zahlen illustrieren: ein leicht zur Kopfseite bewegtes Stäbchen mit 7 mm Scheibendurchmesser wurde auf 5 cm Entfernung bemerkt, auf 3—4 cm mit lebhaftem Schnappen nach der gereizten Seite beantwortet. Sogar nach einem Glasfaden von 1 mm Dicke wurde in 2 cm Entfernung geschnappt. Am Rumpf reagierte das Tier deutlich, aber weniger intensiv als am Kopf, so z. B. auf den erwähnten Glasfaden erst in 1 cm Entfernung.

Es trifft also — wie bei *Corvina* — die starke Ausbildung der Kopfkanäle mit einem bemerkenswert guten Fernwahrnehmungsvermögen für feste Körper zusammen.

Zwergwelse[1]. Geblendete Zwergwelse lassen sich in kurzer Zeit auf Stäbchenreizung zu Schreck- oder Futterreaktionen dressieren. Im Verhältnis zu den bisher erwähnten Formen reagierten sie aber auf schwache Stäbchenbewegung ziemlich schlecht, bedeutend besser auf stärkere Schläge. Auch fiel auf, daß sie am Schwanz weniger empfindlich waren als an Kopf und vorderem Rumpfdrittel.

Es machte übrigens den Eindruck, als ob die Welse mehr bemerkten, als sie durch ihre Reaktionen zu erkennen gaben. So konnten die futterdressierten Tiere unter Umständen viel lebhafter reagieren, z. B. wenn sie einige Tage gehungert hatten. Wahrscheinlich wurden die Reaktionen im allgemeinen durch das Fehlen eines Geschmackseindruckes gehemmt. An zwei großen (etwa 17 cm langen) Exemplaren konnte ich einige Male beobachten, daß sie sich bei Reizung der Schwanzseite sofort umwendeten, ohne aber die Wendung ganz zu vollführen. Vielmehr stoppten sie gleich nach Beginn der Drehung wieder ab. Ähnliche Erfahrungen hat HERRICK (1902) an Zwergwelsen mit Berührungsreizen gemacht.

Die physikalischen Vorgänge bei der Stäbchenreizung. Hinter dem bewegten Scheibchen entsteht eine Strömung mit Wirbelbildungen. Während feststeht, daß diese Strömungen wahrgenommen werden können[2], hat sich andererseits — in Übereinstimmung mit KRAMER — wiederholt gezeigt, daß sie zur Fernwahrnehmung fester Körper durchaus entbehrlich sind. Um so wichtiger sind die *vor* dem bewegten Scheibchen erzeugten Erscheinungen. Wir unterscheiden:

1. *Druckwellen*, die sich mit Schallgeschwindigkeit (etwa 1450 m/s) allseitig ausbreiten. Sie entstehen bei Geschwindigkeits*änderungen* des Scheibchens, ihre Stärke nimmt mit der Größe dieser Änderung pro Zeiteinheit ab. Bei konstanter Geschwindigkeit fehlen sie daher ganz.

2. Eine lokale Druckerhöhung *(Staudruck)*, die in der Mitte des Scheibchens am größten ist, um nach den Rändern hin abzunehmen. Sie ist immer vorhanden, solange sich die Scheibe bewegt; die Größe variiert mit deren Geschwindigkeit[3].

---
[1] Das Seitenorgansystem der Siluriden hat HERRICK (1901) beschrieben.
[2] Vgl. den nächsten Abschnitt (S. 174f.)
[3] PRANDTL: S. 37 und Abb. 50 (S. 53).

3. Eine lokale Verschiebung von Wasserteilchen *(Aufstau)*, die man zerlegen kann

a) in eine senkrecht zur Bewegungsrichtung der Scheibe stehende Komponente: die Teilchen bewegen sich von der Mitte radial nach außen, um die Scheibe zu umfließen;

b) in eine mit der Bewegung gleichgerichtete Komponente: die Teilchen brauchen für die Ortsveränderung unter a Zeit, während welcher sie von der Scheibe vorwärtsgedrängt werden. So wird das im Scheibenmittelpunkt befindliche Teilchen die Bewegung der Scheibe voll mitmachen, während dies bei den benachbarten mit steigender Entfernung in immer schwächerem Maß der Fall sein wird.

Der Aufstau tritt — wie der Staudruck — immer auf und nimmt mit der Geschwindigkeit der Scheibe an Ausmaß zu.

Kramer erwähnt von diesen drei Vorgängen nur den ersten (Druckwellen), so daß er notwendig zur Überzeugung kommen mußte, daß es diese „Schallerscheinung" (wie er sich ausdrückt) ist, die wahrgenommen wird. So einfach liegt der Fall aber nicht. Viele Tatsachen (z. B. das genaue Lokalisationsvermögen, die Wahrnehmung der Aquarienwand von der gleichmäßig durchs Wasser gleitenden *Corvina* u. a. m.) sprechen meiner Ansicht nach eher gegen die „Schall"- und für die Stauungserscheinungen. Besonders der Aufstau muß — als „Strömung" — zweifellos wahrgenommen werden, wenn die Bewegung des Körpers genügend heftig und die Entfernung nicht zu groß ist. Ob und in welchem Maß die einzelnen Erscheinungen beteiligt sind, müssen weitere Versuche lehren.

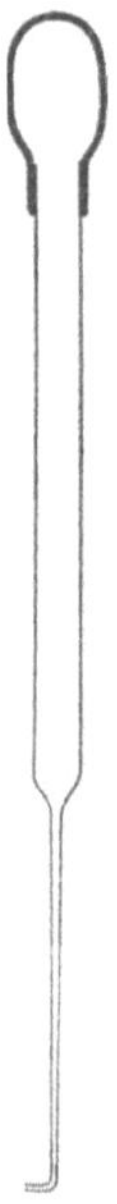

Abb. 6.
Pipette.

2. Wahrnehmung feiner Wasserstrahlen.

Zur Herstellung feiner Wasserstrahlen wurden zunächst Pipetten mit bestimmter Öffnungsweite verwendet ($^1/_2$—2 mm). Der untere Abschnitt war dünn gehalten, um Oberflächenwellen und unbeabsichtigte Strömungen beim Herumführen zu reduzieren.

Elritze. Die Reaktionen auf diese Strahlen waren nicht wesentlich von denen auf bewegte Körper verschieden. So reagierten mit Stäbchen dressierte Tiere bei der eingeschalteten Prüfung ebenfalls auf Strahlen und umgekehrt. Es zeigte sich wiederum die Fähigkeit der Unterscheidung verschiedener Reizstärken, ferner *Lokalisation nach der zuerst getroffenen Körperstelle.* Wir kommen damit zur Frage, ob und inwiefern die Strahlrichtung wahrgenommen wird.

Hofer hatte eine „indirekte" Richtungsperzeption angenommen (aber nicht bewiesen; vgl. Einleitung, S. 163), die dadurch zustande käme, daß bestimmte Teile des Körpers stärker gereizt werden als andere. Aus der Lokalisation geht hervor, daß die Elritze die Fähigkeit dieser „Richtungsperzeption" wenigstens für örtlich auftreffende Ströme besitzen muß. Zur Beantwortung der Frage, ob daneben auch eine tatsächliche, „direkte" Perzeption der Strömungsrichtung vorliegt, wurde der Strahl abwechselnd schief von vorne und schief von hinten auf eine bestimmte Stelle der Rumpfseite gerichtet. Das Resultat war in beiden Fällen Wenden nach der gereizten Seite. Ein schief von vorne kommender, aber hinten auf den Rumpf auftreffender Strahl wurde — ungeachtet seiner Richtung — mit Wendung um 180° beantwortet; umgekehrt ein schief von hinten

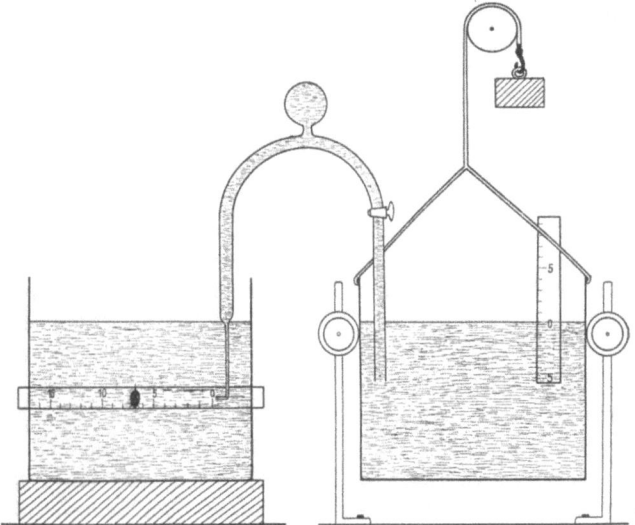

Abb. 7. Apparat zur Herstellung schwacher Wasserströme von bestimmter Stärke. Erklärung im Text.

kommender, aber vorne auftreffender Strahl mit leicht seitlichem Schnappen ohne Wendung. Eine direkte Unterscheidung der *Stromrichtung* scheint also nicht stattzufinden.

Dies steht in Einklang mit der (experimentell begründeten) Ansicht KRAMERs, daß der einzelne Sinneshügel (oder, wie bei *Xenopus,* eine Gruppe von solchen) nur ein „starres Lokalzeichen" liefert, dagegen über die Richtung, aus der der Reiz auftrifft, nichts aussagt.

Zur *Bestimmung des Schwellenwertes* mußte die Stromstärke messend erfaßt werden.

Bei den ersten Versuchen dieser Art floß der Strom aus einem höher gestellten Reservoir mittels eines Hebers und Gummischlauches (mit Federklemme) durch ein Pipettenröhrchen aus, das mit der Hand gehalten wurde. Nun ist es bei Dressurversuchen besonders wichtig, daß Nebenreize vermieden werden. Das ausfließende Wasser muß mit dem umgebenden in jeder Beziehung identisch sein. Dies war, wie sich zeigte, nicht der Fall; zum Teil nachweislich deshalb, weil das Wasser beim Durchfließen des Gummischlauches dessen Geruch (oder Geschmack) angenommen hatte. Ferner muß bei der Feinheit der hier in Frage kommenden Ströme jede Bewegung der Ausflußöffnung vermieden werden.

Solche Erfahrungen führten zur Konstruktion des folgenden Apparates (Abb. 7).

Das Versuchsaquarium ist durch einen gläsernen, unbeweglich montierten Heber mit einem zweiten Aquarium (Reservoir) verbunden, das vertikal beweglich aufgehängt ist (Führung durch Gummiräder zur Vermeidung von Schwankungen). Der Heber ist an seinem im Versuchsaquarium befindlichen Ende zu einem dünnen, rechtwinkelig abgebogenen Röhrchen ausgezogen. Einige Zeit vor dem Versuch wird das Reservoir ein wenig gesenkt, worauf das Wasser aus dem Versuchsaquarium solange hinüberfließt, bis das Niveau in beiden Gefäßen wieder gleich ist. Nun wird die Verbindung unterbrochen (Schließen des Hahnes am Heber) und das Reservoir um einen bestimmten Betrag gehoben. Dieser ist auf einem Maßstab abzulesen und gibt zugleich den Druck der Strömung an, zu deren Erzeugung nur mehr der Hahn im gewünschten Moment geöffnet zu werden braucht.

Das ausfließende Wasser ist vor kurzem aus dem Versuchsaquarium in den (gläsernen) Heber aufgesogen worden, also mit dem umgebenden zweifellos identisch. Auch die Unbeweglichkeit der Ausflußöffnung ist gewährleistet. Sie birgt allerdings einen Nachteil: Man muß warten, bis der Fisch an die gewünschte Stelle vorbeischwimmt[1].

An einer gut reagierenden Elritze, die die Gewohnheit hatte, sehr ruhig und langsam durch das Becken zu schwimmen, wurde unter 46 Einzelversuchen im besten Falle noch eine sichere Reaktion[2] festgestellt bei einem Strom, erzeugt durch eine Niveaudifferenz von 1 cm, in 12 cm Entfernung von der Ausflußöffnung, deren Weite 0,7 mm betrug (Ausflußmenge etwa 3 ccm pro Minute).

Übrige Fische. Um Wiederholungen zu vermeiden, sei allgemein gesagt, daß auch die übrigen Fische (Gründling, Bartgrundel, Schlammpeitzger, Makropode, *Corvina*, Kaulbarsch, Zwergwels) das Auftreffen feiner Wasserstrahlen je nach Dressur mit Futter- oder Schreckreaktionen beantworteten. Wo sich eine „Richtungsperzeption" zeigte, ließ sie sich durch die Lokalisation erklären. Von *Corvina* wurde ein Strom, der aus einer 4 mm weiten Öffnung in 1 Min. 20 Sek. 1 Liter ergießt, bereits auf 50 cm wahrgenommen. Der Kaulbarsch reagierte auf Pipettenströmchen weniger heftig, als bei Stäbchenreizung (vgl. S. 172).

II. Die Folgen partieller und totaler Ausschaltung der Seitenorgane.

1. Technik der Ausschaltung des Seitenorgansystems.

Eine teilweise oder vollständige Ausschaltung des Seitenorgansystems wurde an der Mehrzahl der untersuchten Arten vorgenommen und zwar mit Hilfe von Nervendurchschneidungen.

---

[1] Versuche, Elritzen in enge Käfige einzusperren, hatten kein befriedigendes Ergebnis, da die Reaktionsbereitschaft durch dauerndes Unbehagen der Tiere zu sehr beeinträchtigt wurde.

[2] Orientiertes (seitliches) Schnappen, sobald der Fisch in den Strom gelangt, von dessen wirbelfreiem, geraden Verlauf ich mich durch Färbung vorher überzeugt hatte.

Elritze. v. FRISCH ging zur Ausschaltung folgendermaßen vor: Die Facialis- und Trigeminusäste wurden bei ihrem Eintritt in die Augenhöhle bzw. dem Austritt aus dem Hyomandibulare durchtrennt und reseziert; am Rumpf wurde der R. lat. X. extrahiert, die restlichen Organe der Schläfengegend mit dem Galvanokauter behandelt. Mit kleinen Ergänzungen habe ich diese Methode häufig angewendet. So durchtrennte ich, um auch die freien Sinneshügel am Kiemendeckel zu erfassen, den Truncus hyomandibularis proximal von der Abgangsstelle des (diese Organe innervierenden) R. opercularis sup. VII[1]. Ferner stellt die Behandlung der Temporalregion mit dem Galvanokauter einen

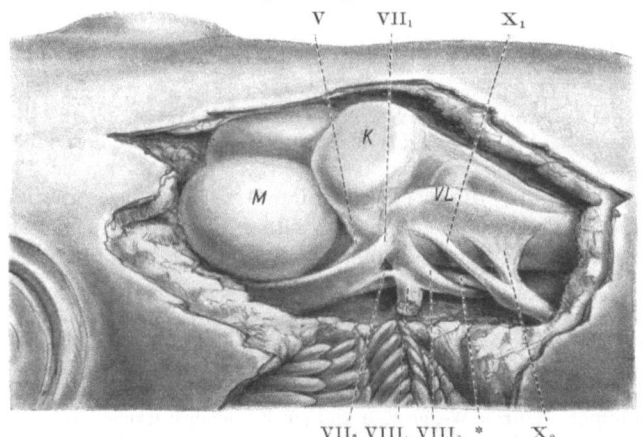

Abb. 8. Wurzeln einiger Hirnnerven bei der Elritze (nach Entfernung von Kiemendeckel, Schädelkapsel und Bogengangsapparat). Ansicht der linken Seite, etwas schräg von oben. V Trigeminus; VII$_1$ sensible, VII$_2$ motorische Facialiswurzel; VIII$_1$ R. anterior (abgeschnitten), VIII$_2$ R. posterior des Acusticus; X$_1$ vordere Vaguswurzel (Ursprung des Seitennerven), X$_2$ hintere Vaguswurzel; * R. recurrens VII. K Kleinhirn, M Mittelhirn, VL verlängertes Mark.

ziemlich schweren Eingriff dar, der überdies nicht gewährleistet, daß die freien Sinneshügel ausnahmslos getroffen sind. Ich habe es daher vorgezogen, die Haut samt den frei darunter verlaufenden (häutigen) Seitenkanalabschnitten im erforderlichen Ausmaß (von der Schnittstelle des Seitennerven bis zur Orbita) wegzunehmen. Es gelingt dies ohne besondere Schwierigkeit, die Wundstelle verheilt rasch und der Erfolg ist sicher.

Die Methode hat aber einen weiteren Nachteil: Infolge der unvermeidlichen Durchschneidung von Trigeminusästen, die sich schon intrakraniell mit den zum Facialis gehörigen Seitenorganfasern vermischen, wird auch die Kopfhautsensibilität größtenteils ausgeschaltet. Es lag mir aber viel daran, besonders im Hinblick auf die unten zu schildernden Rheotaxisversuche, Hauttastsinn und Seitenorgane vollkommen (d. h.

---

[1] Der Truncus hyomandibularis verläuft hier noch im Knochen; er wurde durch ein Bohrloch freigelegt. Vgl. MANIGK.

auch am Kopf) zu trennen. Dies ist schließlich gelungen unter Verwertung des Umstandes, daß die Nervenfasern beider Organe *bei ihrem Austritt aus dem Gehirn* eine kurze Strecke getrennt verlaufen. Zum besseren Verständnis möchte ich eine kurze Schilderung der Wurzelverhältnisse der betreffenden Hirnnerven voranschicken (Abb. 8)[1].

Der *Trigeminus* tritt als einheitliches Bündel getrennt vom Facialis, weiter vorne und etwas tiefer aus der Medulla oblongata aus. Der Nerv führt neben motorischen Fasern nur solche, die die Kopfhautsensibilität versorgen (also keine Seitenorganfasern).

Der *Facialis* tritt in zwei Wurzeln aus. Die obere ist sensibel und enthält neben den Nervenfasern zu allen Seitenorganen des Kopfes (bis zur Temporalregion) nur solche, die zu Geschmacksknospen ziehen. Aus diesem letzteren Teil entspringt der R. recurrens, ein Nervenast, der mit Seitenorganen nichts zu tun hat, obwohl seine Hauptmasse in die Bahn des R. lat. X übergeht. Er ersetzt bei Cypriniden den R. lat. acc. VII anderer Fische und innerviert hier wie dort nur Geschmacksknospen in der äußeren Haut des Körpers. Die untere, dünnere Wurzel des Facialis ist rein motorisch. Sie entspringt getrennt von der oberen und liegt zunächst dem Acusticus eng an.

Gelingt es nun, die obere Facialiswurzel zu durchtrennen unter Schonung des Trigeminus, dann sind alle Seitenorgane des Kopfes (bis zur Temporalregion) ausgeschaltet, während der Hauttastsinn intakt bleibt.

Diese Operation wurde auf folgende Weise ausgeführt: Der Fisch wird in Urethannarkose auf ein Operationstischchen unter der binokularen Lupe gelegt, künstlich geatmet und gut beleuchtet. Seitlich am Hinterkopf wird die Haut weggenommen und dann das Schädeldach an dieser Stelle mit einem zahnärztlichen Bohrer oder Skalpell geöffnet. Durch Wegbrechen kleiner Knochenstückchen mit einer feinen Pinzette [2] gelingt es, den vorderen vertikalen Bogengang und die Ampulle des horizontalen Bogenganges teilweise freizulegen, wobei diese Labyrinthabschnitte natürlich geschont werden müssen. Nach Entfernung von Fett [3] und Häutchen erscheint in der Tiefe der Utriculus mit seinem durchschimmernden Otolithen und daneben sieht man (schief von oben) auf die obere Facialiswurzel (Abb. 9). Ein feines Häkchen (gebogene Minutiennadel) wird dann in den Raum zwischen Bogengang und Ampulle eingeführt und damit unter optischer Kontrolle die gewünschte Wurzel durchtrennt. Der Trigeminus bleibt dabei unberührt, ebenso der motorische Teil des Facialis. Man muß aber sehr vorsichtig zu Werke gehen, um das Labyrinth nicht zu verletzen.

Die Operation beeinträchtigt, wenn sie in einer Sitzung nur an einer Seite ausgeführt wird, die Gesundheit der Tiere kaum. Sie gehen fast ohne Unterbrechung ans Futter; ja, ich war erstaunt, als ein Tier bereits eine halbe Stunde nach der Operation lebhaft fraß. Wird das Labyrinth bei der Präparation nicht verletzt, so zeigen die Tiere trotz der Freilegung desselben keine Störungen im Gleichgewicht. Ein Wundverschluß wäre schwer anzubringen gewesen und erwies sich als entbehrlich. Die Tiere konnten solange wie normale am Leben gehalten werden.

Die Präparation der Wurzel des R. lat. X ist durch die Lage des Labyrinthes äußerst schwierig. Ich zog es vor, den Seitennerv mit seinem Rückenkantenast

---

[1] Vgl. STANNIUS und HERRICK (1899, 1901). Die Innervierung der Seitenorgane bei der Elritze wurde kürzlich von MANIGK eingehend beschrieben.

[2] Gut bewährt haben sich die sehr feinen und dennoch harten Uhrmacherpinzetten (Dumont Nr. 4, bezogen von der Firma Heilbronner, München).

[3] Dieses Fett und besonders die darin verlaufenden Blutgefäße erschwerten die Präparation erheblich. Es wurden daher vorzugsweise magere Tiere gewählt.

(der die dorsale Rumpflinie versorgt, Abb. 2, S. 168) unter dem Brustgürtel zu durchtrennen und zu extrahieren. Zur Eliminierung der Temporalregion wurde wiederum Haut samt Seitenkanälen weggenommen, wobei das Gebiet sich diesmal nicht bis zur Orbita zu erstrecken brauchte (Abb. 9).

Im Text ist die eben beschriebene Art der Ausschaltung als „neue Methode" bezeichnet im Gegensatz zur eingangs erwähnten „alten Methode". Beide Methoden wurden in der Weise nebeneinander gebraucht,

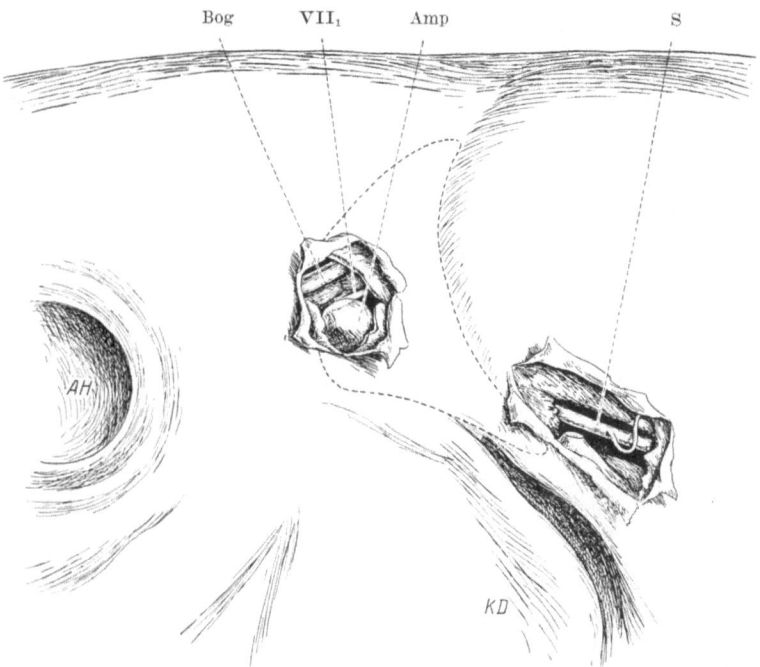

Abb. 9. Operationsstellen bei Ausschaltung der Seitenorgane der Elritze („neue Methode"; Ansicht wie in Abb. 8). VII_1 obere (sensible) Wurzel des Facialis, Amp Ampulle des horizontalen Bogenganges, Bog vorderer vertikaler Bogengang, S Seitennerv (R. lat. X) mit Ursprung des Rückenkantenästchens, AH Augenhöhle, KD Kiemendeckel. ········· Umgrenzung des Gebietes, in dem Haut und Seitenkanäle weggenommen wurden.

daß *sämtliche* Ausschaltversuche mit nach der alten Methode operierten Elritzen vorgenommen wurden, während in den Fällen, wo es auf Schonung des Tastsinnes ankam, *außerdem* nach der neuen Methode behandelte Fische zur Untersuchung kamen. Zur Kontrolle wurden die Tiere nach Abschluß der Versuche getötet und nach Mazeration in 10%iger Salpetersäure sorgfältig (binokulare Lupe) obduziert.

Bartgrundel. Die Ausschaltung erfolgte nach der oben für die Elritze beschriebenen alten Methode. Die Seitennervenverhältnisse dieses Fisches sind in Abb. 16 (S. 209) dargestellt.

Makropode. Auch hier wurde die alte Methode angewendet; die Temporalregion wurde aber intakt gelassen. Der Stamm des Facialis läuft dicht hinter dem

Rande der Orbita abwärts und wurde daher von hier aus freigelegt. Am Rumpf sind drei Nerven zu durchtrennen: der R. lat. X selbst, ein oberflächlicher Ast desselben, der den vorderen, verlagerten Abschnitt der Rumpflinie begleitet und schließlich ein dünner Rückenkantenast für die dorsale Linie[1] (Abb. 5, S. 171).

Corvina. Es sollten die Kanalorgane des Kopfes allein ausgeschaltet werden. Nervendurchschneidung kam daher nicht in Frage. Ein geeigneter Thermokauter stand leider nicht zur Verfügung, sodaß ich mich dazu entschließen mußte, ausnahmsweise Anästhesie anzuwenden. Zu dem Zweck wurden die Kopfkanäle mit einer 5%igen Kokainlösung injiziert, was hier besonders leicht gelingt. Durch einen flachen Einstich oberhalb der Kiemenspalte gelangt man in den Seitenkanal, etwa an der Stelle, wo der Supratemporalast abgeht. Es genügt dann ein leichter Druck mit der Spritze, um die Lösung gleichzeitig durch die meisten Poren der betreffenden Seite austreten zu lassen. Um das zu kontrollieren, war sie mit Methylenblau gefärbt. Die nicht berührten Abschnitte mußten durch weitere Einstiche versorgt werden. Die Fische wurden während der kurzen Dauer der anscheinend ziemlich schmerzlosen Operation (1—2 Min.) ohne Narkose unter Wasser festgehalten.

Zwergwels. PARKER und v. HEUSEN zerstörten die Kanalorgane am Kopf des Zwergwelses einzeln. Dabei blieben aber die zahlreichen oberflächlichen, freien Sinneshügel intakt. Nervendurchschneidung nach der alten Methode ist hier nicht befriedigend, da eine große Anzahl Fädchen sich schon auf dem Wege zur Orbita abzweigt. Da Trigeminus und Facialis beim Zwergwels so eng benachbart aus dem Gehirn austreten, das eine saubere Trennung (bei der Durchschneidung) kaum möglich erscheint, habe ich *beide* Nerven an der Wurzel durchtrennt[2]. Die Tiere überstanden diesen schweren Eingriff sehr gut, waren aber nach der beiderseitigen Operation nicht mehr zum Fressen zu bringen. Das war kein Zeichen der Operationsnachwirkung, denn erstens gingen sie am Tage nach der *einseitigen* Operation lebhaft ans Futter, obwohl das Auffinden sichtlich erschwert war[3]. Zweitens fingen sie auch nach der beiderseitigen Operation noch zu suchen an, sobald sie irgendwie Kunde vom Futter erhielten. Schuld war wohl der Ausfall fast aller Sinnesorgane am Kopf. Am Rumpf wurden der R. lat. X und sein ventraler Ast durchtrennt.

2. Fernwahrnehmung fester Körper.

Elritze. Extrahiert man einer dressierten Elritze den Seitennerv auf einer Seite, so kann man schon wenige Minuten nach dem Erwachen aus der Narkose feststellen, daß ein schwach bewegtes Stäbchen an der operierten Rumpfseite nicht gespürt wird, an der intakten dagegen so gut wie zuvor. Dieser Reaktionsausfall bleibt auch in der folgenden Zeit, mindestens während 2—3 Monaten, ebenso deutlich. Das gleiche läßt sich für die Kopfseitenorgane nachweisen: Durchschneidung des Facialis an der Wurzel an einer Kopfseite bewirkt bei isolierter Reizung dieser Seite Reaktionsausfall. Sowie das Stäbchen dagegen der intakten Seite genähert wird, reagiert der Fisch in gewohnter Weise mit Schnappen bzw. Wegschießen.

Auf etwas stärkere Schläge erfolgten aber auch dann, wenn sie zur operierten Seite gerichtet waren, manchmal noch Reaktionen, besonders

---
[1] Mit diesem letzteren Nervenästchen ist ein median neben ihm verlaufender, aber vom Facialis kommender R. lat. acc. VII nicht zu verwechseln.

[2] Operationstechnik wie bei der Elritze.

[3] Die Tiere schnappten, wenn das Futter an die intakte Kopfhälfte gelangte, seitlich, aber fast immer zu weit, worauf sie von neuem zu suchen beginnen mußten.

am Schwanz. Am Kopf ist das zu erwarten, da ja bei einem stärkeren Schlag die Kopfober- und unterseite und somit die dort befindlichen intakten Organe der Gegenseite berührt werden. Auch am Rumpf kommen zunächst die intakten Organe der Gegenseite in Frage. Aufschlußreich in dieser Beziehung war schon, daß eine (futterdressierte) Elritze sich bei Reizung der operierten Seite — sofern sie überhaupt reagierte — nach der *intakten* umwendete, sich also verhielt, als wenn die intakte Seite selbst gereizt worden wäre. Und nach Ausschaltung der zweiten Rumpfseite fallen tatsächlich diese restlichen Reaktionen auf stärkere Schläge aus. Derartige Schläge erregen also nicht nur die Seitenorgane der direkt getroffenen Seite, sondern gleichzeitig (in geringerem Maße) auch die der Gegenseite.

Bei einer großen Anzahl dressierter Elritzen habe ich die Seitenorgane an Kopf und Rumpf in den verschiedenen möglichen Kombinationen ausgeschaltet und immer die beschriebenen Ausfallserscheinungen beobachtet. *Die jeweils intakt gebliebenen Teile waren ebenso empfindlich wie zuvor.*

Von einer merklichen Abnahme der Empfindlichkeit, wie sie HOFER bei seinen Versuchen am Hecht fand[1], konnte ich jedenfalls nichts bemerken. Bei derartigen Feststellungen ist natürlich wesentlich, daß der gereizte Teil des Seitenorgansystems vor und nach der Operation gleich groß ist, und daß die Fische sich von deren Nachwirkungen völlig erholt haben. Ob HOFER hierauf genügend geachtet hat, läßt sich seiner Darstellung leider nicht sicher entnehmen.

Einer Elritze wurden alle Seitenorgane bis auf den vordersten Abschnitt (1 cm) einer Rumpflinie außer Funktion gesetzt. Das Stäbchen (Scheibendurchmesser 5 mm) wurde auch jetzt noch und nur dann gespürt, wenn es der intakten Stelle genähert wurde. Wie sich schon aus den Reaktionen auf bewegte Glasfäden entnehmen ließ (S. 169), zeigt sich auch hier wieder, daß ein verhältnismäßig kleiner Abschnitt des Seitenorgansystems selbständig funktionieren kann.

Mit der Ausschaltung aller Seitenorgane erlischt, obwohl der Hauttastsinn intakt bleibt, das Fernwahrnehmungsvermögen für feste Körper anscheinend ganz [2].

Zur Frage der Regeneration wäre folgendes zu bemerken: Bei einseitiger Ausschaltung nach der neuen Methode war der Funktionsausfall nach 2—3 Monaten noch ebenso deutlich, wie am Tage nach der Operation. Bei Ausschaltung nach der alten Methode kann eine schwache Wiederkehr der Empfindlichkeit am Kopf bereits nach 1 Monat beginnen. Eine Elritze, der die Seitenorgane nach der alten Methode vollständig ausgeschaltet waren, wurde 8 Monate nach der Operation erneut in Futterdressur genommen. Am Kopf reagierte sie (nach längerer Dressur)

---

[1] Das gleiche gibt DOTTERWEICH neuerdings für *Scyllium* an.
[2] Allzugrobe Reizung durch starke Schläge kann wegen der Gefahr gleichzeitiger Erregung anderer Sinnesorgane (z. B. des Labyrinthes durch passive Drehungen, bei am Boden liegenden Tieren auch des Tastsinnes) bei Dressurversuchen nicht angewendet werden. Daß diese Reize zum Teil mit dem Hauttastsinn wahrgenommen werden können, erscheint nicht ausgeschlossen (vgl. nächsten Abschnitt).

wieder auf Stäbchenschläge. Die Reaktionen waren aber schwach, wenig prompt und schlecht gerichtet, also keineswegs auf normaler Höhe. Am Schwanz reagierte sie trotz lange fortgesetzter Dressur überhaupt nicht. Bei Obduktion unter der Lupe schien es mir, daß — neben Kopfnerven — ein Teil der R. lat. X in Form je eines äußerst dünnen, 8—10 mm langen Fädchens regeneriert war.

Bartgrundel. Wie bei der Elritze erlischt mit der Ausschaltung der Seitenorgane das Wahrnehmungsvermögen für Stäbchenbewegungen.

Da die Bartgrundeln in der Regel ruhig am Boden des Gefäßes liegen, konnte die Funktion der „*dorsalen Seitenlinie*", einer einfachen Reihe freier Sinneshügel (Abb. 3, S. 170), untersucht werden. Die Methode war folgende: Einer schreckdressierten Bartgrundel wurde beiderseits der R. lat. X extrahiert, jedoch *unter Schonung des Rückenkantenastes*. Außerdem wurde die Haut der Hinterhauptsgegend (soweit möglich mit den darunterliegenden Seitenkanälen) bis zu den Schnittstellen der Rami lat. X entfernt. Bei oberflächlicher Untersuchung schienen die so operierten Tiere nur mehr am Kopf zu reagieren. Genauere Prüfung ergab, daß auch an der dorsalen Seitenlinie noch Reaktionen erhalten werden können. Um diese Reaktionen deutlich hervorzurufen, wurde das Tier zunächst etwa während einer halben Minute durch Stäbchen- oder Berührungsreize ständig aufgejagt. Läßt man es nun $1/2$—1 Min. ruhig liegen, so setzt eine heftige, regelmäßige Atmung ein, und die beim Jagen gesunkene Reaktionsbereitschaft nimmt rasch wieder zu. In diesem Stadium reagiert das Tier auf schwache Stäbchenreize am Rücken *vor* der Rückenflosse prompt und regelmäßig mit Einhalten der Atembewegungen[1]. Reizung *hinter* der Rückenflosse bleibt ohne Erfolg; Reizung des Kopfes löst Einhalten der Atembewegungen, meist aber Wegschießen aus.

Nachdem dieser Versuch oft wiederholt worden war, immer mit dem geschilderten Ergebnis, wurden die beiden Rückenkantenäste der Rami lat. X durchtrennt. Es gelang dann nicht mehr, bei Reizung des Vorderrückens eine Reaktion zu erhalten, so oft der Versuch in den folgenden Wochen auch wiederholt wurde. Der Kopf dagegen war so empfindlich wie zuvor.

Derartige Versuchsreihen wurden an zwei Bartgrundeln durchgeführt.

Dieses Ergebnis scheint in zweifacher Hinsicht bedeutungsvoll: einmal wurde experimentell nachgewiesen, *daß bei Fischen auch die frei in der Haut liegenden Sinneshügel auf schwache Wasserbewegungen ansprechen.* Zweitens ist zu beachten, daß die dorsale Linie für sich, d. h. ohne gleichzeitige Reizung der Rumpflinie, funktionieren kann.

Ich darf an dieser Stelle vielleicht daran erinnern, daß eine dorsale Linie von (fast immer *freien*) Seitenorganen bisher bei keinem der eingehend untersuchten Fischarten vermißt wurde. Eine solche „Rückenlinie" gehört somit zum Grundplan des Seitenorgansystems.

---

[1] Das Abstoppen der Kiemendeckelbewegung ist ein empfindliches Erregungszeichen bei der Bartgrundel. Es tritt auf verschiedenartige Reize hin ein.

Makropode. Auch hier hat Ausschaltung der Seitenorgane an einer Rumpfseite Unempfindlichkeit an dieser Seite zur Folge, ohne daß die Empfindlichkeit der Gegenseite beeinträchtigt wird. Dasselbe gilt für die Kopforgane. Da am Rumpf nur freie Sinneshügel vorhanden sind (Abb. 5, S. 171), zeigt sich zum zweitenmal, daß auch die freien Organe allein imstande sind, die Fernwahrnehmung bewegter Körper zu vermitteln.

Corvina. Nach einer Injektion schwammen die Fische nahe über dem Boden herum, wobei dieser von den Bauchflossen lebhaft abgetastet wurde. Es fiel gleich auf, daß sie regelmäßig an die Wände des Aquariums anstießen, was jedesmal eine sichtliche Erregung auslöste (Flossenreaktion, Zurückrudern). Prüfung mit der Latte (vgl. S. 172) nach einiger Zeit ergab, daß der Kopf für diesen Reiz fast unempfindlich war. Nur bei kräftigem Hinschlagen erfolgte noch ein leichtes Heben der Flosse. Die normale Empfindlichkeit begann erst nach 2—3 Stunden langsam zurückzukehren. Es dauerte aber 5—7 Stunden, bis der Fisch wieder wie sonst den Wänden auswich. Injektion von einfachem Seewasser (gefärbt mit Methylenblau) schwächte die Reaktion nicht.

Da mit einer allgemeinen Schädigung durch das Kokain zu rechnen ist, sind besondere Kontrollen unerläßlich. Während der ganzen Dauer des Ausfalles schaltete ich daher zwischen Prüfungen mit der Latte solche mit anderen mechanischen Reizen ein (Berührung, auch des Kopfes; Schütteln des Aquariums; Klopfen usw.). Die Reaktion auf diese Reize blieb immer erhalten, in manchen Fällen sogar durchaus normal. Wichtiger und beweisend ist, daß bei einseitiger Injektion und seitlicher Reizung ein deutlicher Unterschied in der Empfindlichkeit beider Kopfseiten zu beobachten war. Der Schluß scheint also berechtigt, daß die Kanalorgane des Kopfes von den hier gebotenen Reizen erregt wurden[1].

Zwergwels. Einem kleinen, futterdressierten Zwergwels waren Facialis und Trigeminus beiderseits an der Wurzel durchtrennt und außerdem die Rumpfseitenorgane an einer Seite ausgeschaltet worden. Trotzdem der Fisch das Futter nicht mehr finden konnte, reagierte er bei Reizung der intakten Rumpfseite mit Hinwenden und lebhaften Suchbewegungen. Nach Durchschneidung des zweiten Seitennerven blieb Stäbchenreizung erfolglos, obwohl das Tier auf *Berührung* des Rumpfes nach wie vor mit Suchbewegungen reagierte.

Weniger klar war das Ergebnis an Tieren, denen die Kopforgane intakt gelassen waren. Die kleinen Zwergwelse waren sehr beweglich und reagierten am Schwanz nur auf stärkere Schläge, wobei aber die Gefahr gleichzeitiger Kopfreizung bestand. Ich wählte daher zwei große (17 cm lange) Exemplare und schaltete ihnen die Rumpforgane einseitig aus. Sie reagierten dann auf *schwache* Reizung am Schwanz — wenn überhaupt — nur mehr an der intakten Seite. *Stärkere* Schläge dagegen lösten nicht selten auch an der *operierten* Schwanzseite Reaktionen aus,

---
[1] Die (wenig zahlreichen) freien Sinneshügel waren intakt gelassen.

und zwar entweder eine plötzliche Wendung zur intakten Seite, ebenso, wie wenn diese selbst gereizt worden wäre (vgl. S. 181); oder (besonders bei starken Schlägen) eine Wendung zur operierten Seite, offenbar infolge Erregung des Hauttastsinnes[1].

3. Wahrnehmung feiner Wasserstrahlen.

Elritze. Es schien zunächst, als ob auch das Wahrnehmungsvermögen für schwache Wasserstrahlen mit der Ausschaltung der Seitenorgane vollständig verloren ging. Und für alle die Strahlen, die in einer größeren Entfernung vom Fischkörper (mindestens 2—3 cm) ausströmen, trifft dies auch zu[2]. Hält man aber die Ausflußöffnung nahe der Haut des Fisches ($^1/_2$—1 cm) und läßt den Strahl senkrecht zur Körperwand plötzlich auftreffen, so treten auch nach Ausschaltung sämtlicher Seitenorgane noch Reaktionen auf. Es wurden Pipetten von $^1/_2$—2 mm Öffnungsdurchmesser mit gleichem Erfolg verwendet.

Wie werden diese Ströme wahrgenommen? Es ist klar, daß ein aus der Nähe auftreffender Strahl nach Art eines festen Körpers eine scharf umschriebene Deformation der Haut erzeugen muß. Daß dies bei einem Strom aus größerer Ferne, dessen Umrisse durch Wirbelbildung verwischt sind, nicht mehr zutrifft, ist ebenfalls verständlich. Daß die Reaktionen tatsächlich durch den Tastsinn vermittelt werden, geht daraus hervor, daß es in den Fällen, wo außer den Seitenorganen am Kopf auch der Hauttastsinn ausgeschaltet war, nicht gelang, bei Reizung des Kopfes eine Reaktion zu erhalten, wie immer der Strahl gewählt wurde. Richtete man die Öffnung weiter nach hinten, also auf den Rumpf, dann konnten hingegen leicht eindeutige Reaktionen beobachtet werden[3].

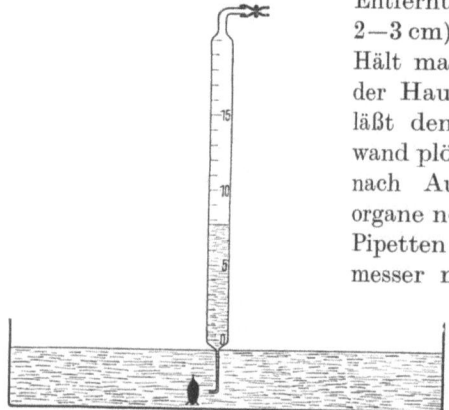

Abb. 10. Apparat zur Reizschwellenbestimmung bei der Wahrnehmung feiner Wasserstrahlen vor und nach Ausschaltung der Seitenorgane. Erklärung im Text.

Um die Reaktionen zu erhalten, ist auch eine gewisse *Stärke* des Strahles erforderlich. Ich stellte es mir zur Aufgabe, die untere Reizschwelle vor und nach Ausschaltung der Seitenorgane zahlenmäßig zu

---

[1] So grobe Reize (das hier verwendete Stäbchen hatte 10 mm Scheibendurchmesser) konnten bei den kleineren Fischen nicht zur Anwendung kommen. Vgl. Fußnote 2 zu S. 181.

[2] Allzugrobe Reizung, die eine merkliche passive Drehung des Fischkörpers oder starke Abbiegung von Teilen desselben bewirkt, mußte wiederum vermieden werden.

[3] Vgl. den entsprechenden Nachweis bei der Bartgrundel (S. 186).

bestimmen. Ein für diese vergleichende Bestimmung geeigneter Apparat ist in Abb. 10 dargestellt.

Die Stelle der Pipette nimmt ein graduiertes Glasrohr ein (Durchmesser $12^{1}/_{2}$ mm, Länge 200 mm), das sich am unteren Ende jäh zu der Weite der Ausflußöffnung (0,7 mm) verengt. Am oberen Ende ist ein Stück Gummischlauch angesteckt, an dem eine Federklemme das geräuschlose Öffnen und Schließen des Glasrohres ermöglicht. Vor dem Versuch wird mit dem Munde Wasser aus dem Versuchsbecken bis zu einer bestimmten Höhe in die Röhre aufgesaugt. Diese kann nun wie eine normale Pipette mit der Hand in gewünschter Entfernung vom Fisch gehalten werden. Zur Erzeugung des Stromes wird die Klemme geöffnet.

Beim Ausfließen des Strahles sinkt der Wasserspiegel in der Röhre ein wenig und damit der Druck. Durch die Wahl des Querschnittsverhältnisses von Röhre und Ausflußöffnung wurde diese Druckänderung praktisch auf Null reduziert. Sie konnte um so eher vernachlässigt werden, als bei dem Versuch nur eine ganz geringe Wassermenge ausfloß. Es wurde darauf geachtet, daß sich die Ausflußöffnung stets in der gleichen Tiefe befand.

Als Reizschwelle wurden in einer längeren Versuchsreihe mit diesem Apparat für eine schreckdressierte Elritze *vor* der Ausschaltung der Seitenorgane die folgenden Werte ermittelt: ein Strahl, der aus der 0,7 mm weiten Ausflußöffnung in 1 Min. $2^{1}/_{2}$ ccm ergoß, wurde (quer auf die Rumpfseite gerichtet) auf 1 cm noch deutlich, auf 2 cm schwächer und unregelmäßig, auf 3 cm Entfernung nur mehr sehr schwach und selten beantwortet[1]. Prüfung einer zweiten Elritze ergab die gleichen Werte. Die Ausflußöffnung durfte dem Tier nicht weiter als bis auf 1—2 cm genähert werden; es bestand sonst die Gefahr, daß die Bewegung des Röhrchens wahrgenommen wurde (vgl. S. 169).

Nach Ausschaltung der Seitenorgane am Rumpf wurde zunächst festgestellt, *daß die Empfindlichkeit am Kopf gleich geblieben war.*

In einer neuen Versuchsreihe ergaben sich nun für den Rumpf die folgenden Werte: Typische Reaktionen traten aus 1 cm Entfernung noch auf bei einer Ausflußmenge von 20 ccm/Min. Mit schwächeren Strahlen konnte ich nur aus geringerer Entfernung noch gute Reaktionen erhalten. So reagierte der Fisch in $1/_{2}$ cm Entfernung bei einer Ausflußmenge von 15 ccm/Min. und sogar ein Strömchen von 10 ccm/Min. wurde noch schwach beantwortet, wenn die Öffnung sehr nahe an die Haut gehalten wurde (etwa 2 mm)[2]. Mit schwächeren Strahlen war überhaupt keine Reaktion mehr zu erhalten.

Versuche an einer anderen Elritze, der *sämtliche* Seitenorgane ausgeschaltet waren (alte Methode), ergaben am Rumpf die gleichen Zahlen: Unter 8 ccm/Min. wurden gar keine Reaktionen mehr erhalten.

Bartgrundel. Auch bei Bartgrundeln fällt die Empfindlichkeit für Strahlen, die nicht aus der Nähe auftreffen, nach Ausschaltung der Seiten-

---

[1] Der wahre Schwellenwert liegt tiefer, wie mit Hilfe der empfindlicheren *Futterdressurmethode* und einer geeigneten Apparatur festgestellt werden konnte (S. 176). Das ist auch beim folgenden Schwellenwert für den Tastsinn zu berücksichtigen.

[2] Die Reaktionen treten nur auf, wenn der Strahl *plötzlich* auftrifft.

organe aus. Daß die restlichen Reaktionen durch den *Hauttastsinn* vermittelt werden, ließ sich hier überzeugend nachweisen. Ich durchtrennte dazu einer Bartgrundel, der zuvor die Seitenorgane des Rumpfes ausgeschaltet waren, das Rückenmark in der Gegend zwischen Rücken- und Afterflosse.

Operationstechnik: Durch einen queren Schnitt wird die Muskulatur der Dorsalseite bis auf die Wirbelsäule geschlitzt. Dann wird mit dem Zahnbohrer das Rückenmark freigelegt und dieses mit der Pinzette oder einem Häkchen durchtrennt.

Hinter der Schnittstelle war es nicht möglich, eine Reaktion zu erhalten, so stark der Strahl auch ausspritzte [1]. Sobald die Öffnung 1—2 mm *vor* der Schnittstelle auf die Körperwand gerichtet wurde, reagierte das Tier sehr lebhaft mit Wegschießen.

Die zahlenmäßige Bestimmung der Empfindlichkeitsgrenze für diese Hautreaktion ergab fast dieselben Werte wie bei der Elritze (etwa 10 ccm/Min. aus nächster Nähe).

Makropoden. Es gilt das gleiche wie für Elritze und Bartgrundel: nur mehr Strahlen aus der Nähe werden wahrgenommen. Die futterdressierten Tiere reagierten darauf mit Umwenden.

Zwergwels. Die beiden großen Zwergwelse reagierten auf Pipettenstrahlen aus der Nähe auch nach Ausschaltung der Seitenorgane der einen Rumpfseite, wenn auch an dieser Seite weniger regelmäßig, als an der intakten. Waren am Kopf Facialis und Trigeminus durchtrennt (d. h. neben den Seitenorganen auch der Hauttastsinn ausgeschaltet), dann wurden dort keine Reaktionen mehr erhalten.

III. Die Reaktionen auf gröbere Strömungen (Rheotaxis).

Zur Beantwortung der Frage, ob und inwiefern die Seitenorgane auf gröbere Strömungen ansprechen, ist die Dressurmethode ungeeignet. Denn die dabei zwangsläufig auftretenden passiven Bewegungen des Fischkörpers bewirken eine gleichzeitige Erregung anderer Sinnesorgane. Aus diesem Grunde wurde die als „Rheotaxis" bezeichnete Gewohnheit der Fische, sich gegen Ströme einzustellen, zu Hilfe genommen. Neben der Hauptfrage nach der Beteiligung der Seitenorgane am Zustandekommen dieser Reaktion wurde die Rolle der übrigen in Frage kommenden Sinnesorgane untersucht.

Die große Bedeutung des *Gesichtssinnes* ist bereits von den früheren Bearbeitern (LYON, STEINMANN, SCHIEMENZ) überzeugend nachgewiesen worden [2]. Ich habe daher auch diese Versuche an zuvor *geblendeten* Fischen angestellt, um die optische Orientierung von vornherein zu eliminieren.

Man könnte vielleicht einwenden, daß die mit blinden Fischen gewonnenen Ergebnisse nicht ohne weiteres auf sehende übertragen werden dürfen. Es ist aber zu

---

[1] Über Reflexe am gelähmten Schwanzabschnitt vgl. S. 210.
[2] Einen neuen Beweis enthält mein Versuch, beschrieben auf S. 204 (Fußnote 3).

bedenken, daß auch in der Natur die optische Orientierungsmöglichkeit oft — z. B. nachts — sehr herabgemindert, wenn nicht ganz aufgehoben wird. Daß die Blendung durch Exstirpation der Bulbi den allgemeinen Zustand der Fische (nach Erholung von der Operation) in keiner Weise beeinträchtigt, ist für die Elritze eine längst bekannte Tatsache. Schließlich habe ich mich überzeugt, daß die Zeit zwischen Blendung und Versuch wenige Stunden oder mehrere Monate betragen kann, ohne daß die Reaktionen im Strom verschieden wären.

1. Gerade Ströme von großem Querschnitt.

Es werden darunter geradlinige Ströme verstanden, die einen so großen Querschnitt haben, daß sich die Fische darin frei bewegen können, entsprechend den natürlichen Strömungen (Bäche, Flüsse usw.). Zunächst sollten die Ströme möglichst homogen sein, merkliche Geschwindigkeitsdifferenzen oder Wirbelbildungen innerhalb der strömenden Masse daher

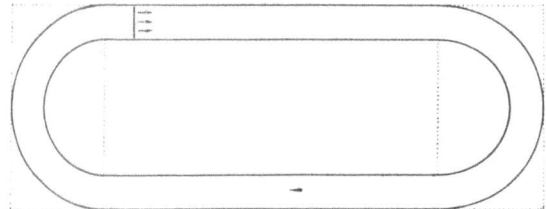

Abb. 11. Apparat zur Erzeugung gerader Ströme von großem Querschnitt (Stromrinne). Ansicht von oben. Erklärung im Text.

vermieden werden. Mit dem folgenden Apparat lassen sich derartige Ströme im Laboratorium bequem erzeugen. Der wesentliche Teil ist eine in sich geschlossene, überall gleich breite und tiefe Rinne von Rennbahnform. Sie setzt sich aus zwei geraden Längsseiten und zwei halbkreisförmigen Verbindungsstücken zusammen (Abb. 11).

Zur Konstruktion einer solchen Rinne wurde eine flache, rechteckige Kiste aus gehobeltem Fichtenholz hergestellt. Parallel den äußeren, aufstehenden Seitenwänden wurden ebenso hohe (aber kürzere) Bretter weiter innen auf dem Boden der Kiste befestigt. Die beiden Längsseiten der Rinne waren damit fertig. Zur Herstellung der Seitenwände der krummen Teile wurden halbkreisförmig gebogene Zinkblechstreifen verwendet. Der große Raum innerhalb der Rinne gab ein geeignetes Versuchsbecken ab für weiter unten zu schildernde Versuche. Der ganze Apparat wird bis auf einige Zentimeter unter dem Rand mit Wasser gefüllt.

Es standen mir zwei solcher Stromrinnen zur Verfügung. Die Länge einer geraden Seite betrug 100 (200) cm, die Breite 10 (25) cm, die Wassertiefe 10 (15) cm. Der Strom wurde in der Rinne des kleineren Kastens auf folgende Weise hergestellt: eine Glasplatte von der Größe des Rinnenquerschnittes wird senkrecht ins Wasser gehalten, so daß sie eine fast vollständige Scheidewand bildet. Verschiebt man die Platte in dieser Stellung, dann kommt praktisch gleichzeitig das Wasser in der ganzen Rinne in Bewegung. Nach Entfernung der Glasplatte läuft der Strom in der Rinne weiter, um allmählich abzuklingen. Die Strömung ist an den Wänden und am Boden etwas gehemmt und auch durch die Biegung entstehen leichte Geschwindigkeitsdifferenzen. An schwebenden Teilchen kann man aber sehen, daß die Wasserbewegung im ganzen sehr gleichmäßig ist. Mit der Glasplatte kann ferner der Strom in jedem Augenblick beschleunigt, verlangsamt, abgestoppt oder auch umgekehrt werden. An der Rinne des größeren Kastens war ein vierblättriges Wasserrad angebracht, das mit der gewünschten Geschwindigkeit von einem Elektromotor getrieben wurde. Der Drehpunkt des Rades wurde hoch über der Wasseroberfläche gewählt, so daß die Blätter in steiler Stellung (und nicht horizontal) eintauchten.

Da zur Erzeugung des Stromes kein Wasserzufluß nötig ist, sind Temperaturunterschiede und dgl. von vornherein ausgeschlossen.

Beobachtungen. Eine (blinde) Elritze schwimmt frei zu Beginn einer geraden Seite. Ein Strom wird erzeugt, der den Fisch durch die gerade Strecke in seiner Schwimmrichtung fortbewegt: obwohl er durch zu Boden schwimmen zeigt, daß er etwas bemerkt hat[1], *kehrt er sich nicht gegen den Strom*, sondern wird passiv mitgenommen. Berührt er nun Boden oder Wand, dann dauert es nicht lange, bis die Einstellung gegen die Strömung erfolgt. Bei manchen Elritzen genügt ein kurzes, leichtes Entlangstreichen mit der Schnauze oder den Flossen um sie über die Richtung, in der sie vertragen werden, zu unterrichten. Von anderen dagegen wird wiederholt Boden oder Wand berührt, bevor rheotaktische Einstellung eintritt und der Fisch schwimmt also einige Zeit mit der Strömung. Die Elritzen sind in dieser Beziehung stark individuell verschieden, verhalten sich bei Wiederholung des Versuches aber ziemlich gleich. Wird der Strom nun abgestoppt und umgekehrt, dann wendet sich bald auch der Fisch um 180°.

In über 100 derartigen Versuchen mit vielen Elritzen ist es nicht einmal vorgekommen, daß ein Tier sich im geraden Teil der Rinne aus dem freien Schwimmen heraus eingestellt hätte, gleich in welcher Lage zur Strömungsrichtung es sich befand[2]. Dabei kam manchmal eine freie, auch stark beschleunigte Vertragung durch die ganze Längsseite der Rinne vor.

Im allgemeinen bleiben die Tiere, nachdem sie sich orientiert haben, eingestellt, schwimmen stromaufwärts oder halten sich am Boden. Bemerkenswert war, daß viele Fische in diesem Stadium längere Strecken *ganz frei gegen den Strom schwammen*[3]. Zwischendurch wurde nur hie und da die Wand leicht gestreift. Es schien als ob die Tiere Richtung und Geschwindigkeit des Stromes (bzw. das Maß der zur Kompensation nötigen Schwimmbewegungen) kurze Zeit im Gedächtnis behalten können.

---

[1] Es war schwer, bei der Stromerzeugung Nebenreize, wie Oberflächenwellen und leichte Erschütterungen durch Anstoßen der Glasplatte ans Holz ganz zu vermeiden. Das „Bemerken" muß also nicht durch das Einsetzen des Stromes an sich verursacht sein.

[2] Wurde der Umkehrversuch an *einer* Elritze oft hintereinander wiederholt, dann lernte sie, daß bei Einsatz des Stromes eine Drehung um 180° notwendig war und stellte sich nun gelegentlich (auffallend prompt) frei ein. Die Überführung war einfach: der Strom wurde in der entgegengesetzten Richtung erzeugt, so daß sich die Elritze schon in „rheotaktischer Stellung" befand. Jetzt wendete sie sich, ungeachtet der Strömungsrichtung, ebenfalls um 180°, stellte sich also *mit* dem Strom.

[3] Alle in diesem Abschnitt geschilderten Reaktionen spielten sich im *geraden* Teil der Rinne ab. Für die Einstellung gegen Rundströme vgl. S. 193f.

Manche Elritzen zeigten aber, gerade im Gegenteil, nach Loslösung von der Wand jedesmal Verlust der Orientierung.

Die geschilderte Einstellung durch Berührung des Bodens nimmt mit der Stärke des Stromes an Deutlichkeit zu. Während sich die Fische um ganz schwache Ströme (etwa 4 cm/Sek.) oft gar nicht kümmerten, war sie bei etwas stärkeren (10—15 cm/Sek.) wie oben beschrieben. Sehr typisch aber ist das Verhalten in starken Strömen (30—40 cm/Sek.). Die Fische schwimmen energisch, ruckweise und nahe über dem Boden; die Flossen werden an den Körper angelegt. Niemals schwimmen sie mit dem Strom, meist kommen sie langsam stromaufwärts. Beschleunigung oder Abstoppen des Stromes hat die entsprechenden Veränderungen der Schwimmbewegungen zur Folge.

Ähnliche Beobachtungen machte ich an anderen Fischen, so besonders an Gründlingen, Bartgrundeln und Zwergwelsen.

Als Ergänzung zu den besprochenen Laboratoriumsversuchen stellte ich einige Versuche an in einer *natürlichen Strömung*. Es handelte sich um einen kanalisierten, geraden, 3 m breiten und 30 cm tiefen Bach mit ziemlich ebenem, von faustgroßen Steinen bedecktem Grunde. Die Strömungsgeschwindigkeit betrug 115 cm/Sek. Im Gegensatz zum künstlichen Strom war hier das Wasser stark von Turbulenzen durchsetzt, wie man an der Oberfläche wahrnehmen konnte.

Durch vorherige Prüfung im künstlichen Strom hatte ich 10 (blinde) Elritzen ausgewählt, die gut rheotaktisch reagierten. Die Tiere wurden dann einzeln vorsichtig in der Mitte des Baches ausgelassen, nach Möglichkeit so, daß sie selbsttätig und mit dem Kopf stromabwärts aus dem Behälter in den Fluß hinüberschwammen. Trotzdem sie vom Strom rasch einige Meter weit mitgenommen wurden, zeigte keines der Tiere vor Erreichung des Bodens irgendwelche Einstellung. Danach versuchten sie am Grunde durch angestrengte Schwimmbewegungen der Verschwemmung entgegenzuarbeiten.

Daß die Verschiebung gegen den Boden ausschlaggebend ist und nicht etwa die Vertragung im Raum, zeigt sich auch in folgendem Versuch. Eine Elritze wird in einem großen, flachen Becken gehalten. Schleppt man nun als Unterlage einen Streifen Netzstoff horizontal unter dem Fisch durchs Wasser, sodaß die Ventralseite desselben leicht gestreift wird, dann dreht er sich mit dem Kopf in der Bewegungsrichtung und beginnt der Unterlage energisch voranzuschwimmen. Er zeigt also Einstellung gegen einen „*taktilen Scheinstrom*", ähnlich wie es von früheren Autoren (LYON, STEINMANN, SCHIEMENZ) für „optische Scheinströme" beobachtet wurde.

Es sollte nun untersucht werden, welchen Einfluß der *Verlust der Seitenorgane* auf die Einstellung hat. Das Ergebnis läßt sich kurz dahin zusammenfassen, *daß keine merkliche Verschlechterung der Orientierung eintritt*. Das gilt namentlich für die Tiere, denen die Seitenorgane nach der neuen Methode ausgeschaltet waren, also unter Schonung des Tastsinnes der Kopfhaut. Bei Anwendung der alten Methode war in der Regel eine leichte Erschwerung der Orientierung zu beobachten, aber auch diese Fische zeigten, besonders in starken Strömen, noch das typische Verhalten. *Manche schwammen (wie früher) nach erfolgter Einstellung oft längere Strecken frei gegen den Strom.* Ein nach der alten Methode operierter Gründling zeigte nach wie vor (am Boden liegend) gleich gute, aktive Umdrehung gegen die Strömungsrichtung. Auch einseitige Ausschaltung der Seitenorgane bei zwei Bartgrundeln störte die symmetrische Einstellung nicht.

Schlußfolgerungen. Eine gerade, auch beschleunigte Vertragung durch den Strom veranlaßt den freischwimmenden, blinden Fisch *nicht* zur Rheotaxis. Auch dann nicht, wenn der Strom von Unregelmäßigkeiten durchsetzt ist (natürliche Strömung). Berührung von Boden oder Wand ermöglicht die rheotaktische Einstellung. Relativ spärliche und flüchtige Berührungsreize können eine dauernde Orientierung gewährleisten. Ein- oder beiderseitige Ausschaltung der Seitenorgane bleibt darauf ohne Einfluß.

Aus diesen Tatsachen ergibt sich, daß die rheotaktische Einstellung der Fische in der Natur nach Ausschaltung der optischen Orientierungsmöglichkeit wesentlich auf Grund *taktiler* Reize zustande kommt. Es hat sich für die hier betrachteten (natürlichen) Ströme kein Anhaltspunkt ergeben, eine Beteiligung der Seitenorgane anzunehmen. Das gleiche gilt vom Labyrinth.

Wenn ich somit zu einer Bestätigung der alten Angaben Lyons komme, so hielt ich doch eine genaue Darstellung meiner Versuche für notwendig. Denn seine klare und experimentell begründete Auffassung hat (in Deutschland) erstaunlich wenig Anerkennung gefunden, während die vielfach theoretischen Darlegungen späterer Autoren immer wieder zitiert werden. Das Rheotaxisproblem wurde durch Hofers Entdeckung der Seitenorgane als Strömungsrezeptoren kompliziert; besonders verhängnisvoll war dann die kritiklose Übertragung der in Versuchen mit Kreisströmen gefundenen Verhältnisse auf gerade Ströme. So meint Steinmann (1928) sich in Gegensatz zur Auffassung Lyons setzen zu müssen, obwohl er nennenswerte Versuche mit geraden Strömen überhaupt nicht anstellte.

Auch theoretisch aber waren kaum andere, als die tatsächlich beobachteten Reaktionen zu erwarten. Im Falle eines völlig homogenen Stromes käme eine Erregung des Labyrinthes oder der Seitenorgane beim freischwebenden Fisch *nur bei beschleunigter Bewegung* der Wassermasse in Frage. Indes zeigt das Experiment, daß diese Reize — sofern sie überhaupt wahrgenommen werden — offenbar unwirksam sind. Eine *dauernde* Einstellung gegen gerade Ströme ohne sinnliche Verbindung mit der festen Umgebung war von vornherein ausgeschlossen, denn sobald der Fisch die Geschwindigkeit der Strömung angenommen hat — bei schwebenden Fischen praktisch momentan — kann er sie direkt überhaupt nicht mehr wahrnehmen, geschweige denn sich dagegen einstellen.

Man hat dann auf die in der natürlichen Strömung häufig vorhandenen wechselnden Stromfäden hingewiesen. Wie aber diese unregelmäßigen und relativen Reize den Fisch über Stärke und Richtung der Gesamtströmung unterrichten sollten, scheint bei eingehender Überlegung unverständlich. Im Versuch hat sich dementsprechend auch unter diesen Bedingungen keine Einstellung erkennen lassen [1].

Das STEINMANNsche Einstellungsschema (1914), das auch von neueren Autoren übernommen wurde (HERTER, FISCHER), käme von vornherein nur für am Boden liegende, also dauernd in bezug auf die Strömung gehemmte Fische in Frage. Es entbehrt aber auf jeden Fall einer ausreichenden experimentellen Begründung [2].

Ob und inwiefern propriorezeptive Reize (Abbiegen der Flossen, Beeinflussung der Atmung, Druck auf die Körperwand) und passive Einstellung bei am Boden liegenden Fischen eine Rolle spielen, würde sich erst sicher entscheiden lassen, wenn auch der Hauttastsinn am Rumpf ausgeschaltet werden könnte. Es ist mir leider keine Methode bekannt, ohne schwere sonstige Schädigungen zu diesem Ziel zu gelangen.

PARKER und v. HEUSEN verwendeten Anästhesie (Einpinseln der Haut während 5 Min. mit einer 20%igen Magnesiumsulfatlösung). Die Folgen dieser Behandlung sind, worauf auch v. FRISCH und STETTER hinwiesen, schwer zu beurteilen.

Zur Nachprüfung pinselte ich den Schwanzabschnitt einer auf Berührung wie auf Seitenorganreizung (Stäbchen) gleich gut reagierenden Elritze während 5 Min. mit der 20%igen Magnesiumsulfatlösung ein. Das Tier war bei künstlicher Atmung so auf das Operationstischchen gelagert, daß die Lösung Kopf und Kiemen nicht berühren konnte (Vorderkörper getrennt von der Unterlage, Bepinselung nur hinter der Rückenflosse). Nach dieser Behandlung zeigte sich während 3½—4 Stunden eine *schwere allgemeine Schädigung* (auf der Seite liegen, Ausbleiben jeglicher Reaktion).

Ich machte dann den gleichen Eingriff, nur mit dem Unterschied, daß statt der 20%igen Lösung eine 10%ige verwendet wurde. Diesmal reagierte das Tier bald (etwa nach 10 Min.) wieder. Dabei zeigte sich, daß am betroffenen Körperteil (der sich, ebenso wie im ersten Fall, durch Hellfärbung abzeichnete) die *Seitenorgane* ausgeschaltet waren, während der Tastsinn (mindestens zum Teil) noch intakt war. Denn die Stäbchenreaktion fiel (nur) am Schwanzabschnitt aus, während Berührung auch an dieser Stelle noch gut beantwortet wurde. Behandlung mit Kokainlösungen hatte ähnliche Wirkungen zur Folge (vgl. auch KRAMER).

Es hat sich somit deutlich gezeigt, daß die Verwendung von Anästhetika ohne geeignete Kontrollversuche zu keinen brauchbaren Ergebnissen führt; besonders dann nicht, wenn es darauf ankommt, Hautsinnesorgane getrennt auszuschalten.

Schneidet man einer nach der alten Methode operierten Elritze (deren Kopfhaut demnach schon unsensibel ist) Brust-, Bauch- und Afterflossen ab, dann ist die restliche Einstellung sichtlich zum Teil passiv, indem das Tier fast nur mit dem Kopf Wand und Boden berührt und so automatisch in die „richtige" Stellung gedreht wird. Allerdings hält es sich dann weiter aktiv gegen den Strom. Normalerweise ist die Einstellung —

---

[1] Im nächsten Abschnitt wird gezeigt werden, in welchem Umfange Strömungsreize direkt zur Orientierung beitragen können.

[2] STEINMANN (1914) berichtet zwar von orientierten Schwanzeinkrümmungen bei Reizung mit Wasserstrahlen; es handelte sich aber um dünne, lokal auftreffende Strahlen, die der natürlichen Strömungsreizung nicht gleichzusetzen sind. STEINMANNs Behauptung (1928), daß HOFER und nach ihm verschiedene andere Autoren diese „charakteristische Erscheinung" (der *Schwanzdrehung*) festgestellt hätten, kann ich, sofern es HOFERs Arbeit betrifft, nicht beipflichten. Die übrigen hier angedeuteten Arbeiten sind leider nicht näher bezeichnet.

zumindestens bei Elritzen — nicht passiv, denn die Wendung erfolgt meist rascher, als der Strom fließt.

2. Gerade Ströme von kleinem Querschnitt (Strahlen).

Die in diesem Abschnitt verwendeten Ströme sollen die Lücke zwischen den feinen Pipettenströmchen (S. 174) und den Strömen großen Querschnittes ausfüllen.

Die Versuchsanordnung war folgende (Abb. 12): Der Fisch befindet sich in einem Drahtkäfig (20 × 20 cm, Tiefe 15 cm; Größe der quadratischen Öffnungen 4 × 4 mm, Drahtdicke 1 mm). Der Käfig steht in einem großen, flachen Wasserbehälter (200 × 50 cm, Tiefe 15 cm). Aus einem rechtwinkelig gebogenen Glasrohr, das durch einen Gummischlauch mit der Wasserleitung verbunden ist, läuft ständig ein Strom in den Behälter über. Die Ausflußöffnung ist dem Käfig abgewandt. Zur Reizung wird der Strom an der gewünschten Stelle und aus bestimmter Entfernung auf die Käfigwand gerichtet. Durch Färbung hatte ich festgestellt, daß der Strahl nach dem Verlassen der Öffnung nur 1—2 cm wirbelfrei bleibt. Von da ab verbreitert er sich unter Wirbelbildung bis auf einige Zentimeter Durchmesser. Das Passieren der Käfigwand hatte auf den Verlauf des Stromes keinen merklichen Einfluß. Es wurde darauf geachtet, daß das zufließende Wasser genau dieselbe Temperatur hatte, wie das des Behälters.

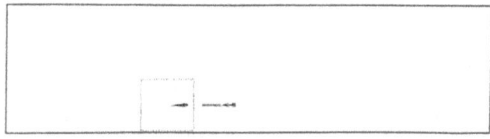

Abb. 12. Versuchsanordnung bei der Verwendung gerader Ströme von kleinem Querschnitt (Strahlen); Ansicht von oben. Erklärung im Text.

Um die Reaktionen vergleichen zu können, wurde eine bestimmte Stromstärke gewählt (Ausflußmenge 1,4 Liter pro Minute bei 5 mm Öffnungsweite).

Beobachtungen. Gelangt eine freischwimmende (blinde) Elritze nahe von der Ausflußöffnung in den Bereich des Strahles, so kann man beobachten, wie sie sich prompt dagegen wendet und kurze Zeit (bis zu einigen Sekunden) gegen den Strom anschwimmt. Die einzelnen Elritzen verhalten sich wiederum sehr verschieden, manche entfliehen dem Strahl, andere werden quer abgetrieben und reagieren gar nicht. Eine Anzahl aber wendet sich, wie beschrieben, sofort dagegen. Gut reagierende Tiere schwimmen auch gegen stärkere Strahlen mit energischen, ruckartigen Bewegungen an, wobei sie öfters mit dem Kopf ans Gitter stoßen. Sie scheinen vom Strahl wie von einem Magneten angezogen. Die Einstellung erfolgt nur gut, wenn die Ausflußöffnung nicht zu weit vom Fisch gehalten wird (bis höchstens 10 cm; je näher, desto besser).

Eine Tangorezeption fester Körper ist für das Zustandekommen dieser Reaktion nicht nötig; es wurde im Gegenteil immer darauf geachtet, daß die Tiere frei schwammen, also keinen Kontakt mit dem Käfig hatten.

Bei sechs zuvor eingehend geprüften Elritzen wurden sodann in drei Etappen die *Seitenorgane ausgeschaltet*.

Schon die Ausschaltung der Rumpforgane allein zeitigt eine deutliche Verschlechterung der Einstellung: sie erfolgt nur mehr dann, wenn der

Kopf direkt getroffen wird. Der Fisch wendet sich in diesem Fall mit einem Ruck gegen den Strom und versucht, sich dagegen zu halten. Dabei gelangt er aber leicht aus dem Strahl heraus. Eine vergleichsweise daneben geprüfte, normale Elritze beginnt schon in einiger Entfernung und mit ruhiger Sicherheit, sich gegen den Strahl zu wenden; auch vermag sie sich viel besser darin zu halten. Die Ausschaltung der Kopforgane allein verschlechtert die Einstellung ebenfalls erheblich.

Ist das ganze Seitenorgansystem außer Funktion gesetzt, dann treten nur mehr schwache Andeutungen einer Reaktion auf. So kann es vorkommen, daß ein Tier beim Auftreffen des Strahles eine leichte Wendung zur getroffenen Seite macht. Dasselbe tritt aber ein, wenn man den Kopf des Fisches mit einem Glasstäbchen zur Seite drückt. Wahrscheinlich liegt also eine Reizung des Drehungssinnes (Labyrinth) vor. Von einer freien Einstellung mit Anschwimmen gegen den Strom war keine Rede mehr. Sogar mit Berührung des Bodens war die Orientierung meist sehr mangelhaft; nur zwei von den sechs Fischen zeigten dann noch ziemlich gute Reaktionen.

Schlußfolgerungen. Die rheotaktische Einstellung gegen Ströme kleinen Querschnitts kann aus dem freien Schwimmen heraus erfolgen. Die Stromdifferenzen werden in diesem Fall direkt wahrgenommen. Das vermittelnde Sinnesorgan ist das *Seitenorgansystem*, da dessen Ausschaltung die Einstellung aufhebt.

Durch diese Fähigkeit wird dem Fisch das Auffinden und Überwinden *kleiner Durchflüsse*, etwa in einem Gebirgsbach, zweifellos erleichtert werden. In größeren Flüssen werden solche Reize selten sein. Im allgemeinen kommt eine Erregung und daher Beteiligung der Seitenorgane nur dort in Frage, wo der Fisch aus einer ruhenden in eine scharf abgegrenzte, strömende Wassermasse gelangt. Eine *dauernde* Einstellung kann auf Grund solcher Reize nicht zustande kommen.

Taktile Reize ermöglichen bis zu einem gewissen Grade die Einstellung auch nach Ausschaltung der Seitenorgane.

3. Kreisströme.

Kreisströme stellen ein wenig natürliches Strömungsmilieu dar. Sie wurden vor allem zur Nachprüfung und Ergänzung der Angaben früherer Autoren (LYON, STEINMANN, SCHIEMENZ) herangezogen.

Auf einer genau horizontalen Drehscheibe wird zentrisch eine runde, flache Glasschale mit Wasser gestellt (Durchmesser 24 cm, Wassertiefe 5 cm). Die Drehscheibe kann von einem Uhrwerk mit bestimmter, konstanter Geschwindigkeit in Bewegung gehalten werden. Der Einfachheit halber wurde immer die gleiche Geschwindigkeit gewählt, nämlich eine halbe Umdrehung pro Sekunde (d. h. also 35 cm/Sek. am Schalenrand). Die Bewegung des Wassers in der Schale wurde an feinen, darin enthaltenen Schmutzteilchen verfolgt.

Die Versuchsanordnung umfaßt drei Bewegungsphasen: *Erste Phase:* Das Uhrwerk wird in Tätigkeit gesetzt, die Schale dreht sich mit der angegebenen

Geschwindigkeit. Das anfangs ruhende Wasser wird durch Reibung an der Schale allmählich mit in Bewegung versetzt. Nach 2—3 Min. (70—80 Schalenumdrehungen) beginnt die *zweite Phase:* Das Wasser hat die gleiche Geschwindigkeit angenommen, wie die Schale. Dieser Zustand wird einige Minuten belassen. Dann folgt die *dritte Phase:* Das Uhrwerk (und damit die Drehung der Schale) wird abgestoppt. Das Wasser rotiert allein weiter und wird durch Reibung an der Schale allmählich gehemmt, bis schließlich alles wie vor dem Versuch in Ruhe ist.

Die Unterscheidung dieser Phasen ist zum Verständnis des Verhaltens der Fische notwendig.

Neben normalen (bloß geblendeten) Elritzen wurden solche geprüft, denen außerdem die Seitenorgane außer Funktion gesetzt waren (alte Methode).

Beobachtungen. Ich will gleich von vornherein erwähnen, *daß sich beide Fischkategorien vollständig gleich verhielten* und zwar in charakteristischer Weise. Ich lasse am besten das Protokoll eines Versuches folgen, bei dem, um möglichst genau vergleichen zu können, eine normale Elritze *gleichzeitig* mit einer Seitenorganoperierten geprüft wurde.

Die Fische ruhen bewegungslos mit den Flossen leicht am Boden.

Erste Phase: Nachdem die Flossen einige Zentimeter an der Schale geschleift haben (Spuren in den Schmutzteilchen) wenden beide Fische sich plötzlich *aktiv* mit der Schale und halten sich unter steten Schwimmbewegungen am Außenrand eng an den Boden, mit dem Kopf in der Richtung der Drehung[1]. In bezug auf die Schale bleiben die Tiere also am Ort, in bezug auf die Umgebung beschreiben sie Kreise mit dem Kopf voran. Nachdem sie sich 2—3 Min. so gehalten haben, während welcher Zeit allmählich die gesamte Wassermasse in Rotation gekommen ist, verliert.

Zweite Phase: die seitenorganoperierte Elritze den Kontakt mit der Schale, wendet sich um und beginnt frei vom Boden energisch gegen die rotierende Wassermasse anzuschwimmen. Sie stößt dabei zufällig an die normale Elritze, die immer noch in Kontakt mit der Schale im Raum Kreise beschreibt. Diese wird dadurch aufgeschreckt und stellt sich nun ebenfalls freischwimmend gegen die Drehungsrichtung ein. *Beide Tiere verhalten sich völlig gleich.* Es wechseln zwei Verhaltungsweisen ab: eine Zeitlang wird versucht, durch energische Schwimmbewegungen den Standort (im Raum) beizubehalten, was aber nur zum Teil gelingt, denn die Fische werden trotzdem allmählich nach rückwärts abgetrieben; wiederholt schwimmen sie Sehnen; die Schwimmweise ist genau wie die bei starken Geradströmen (s. d.). Dann folgt eine andere, viel ruhigere Schwimmart, bei der die Fische lediglich bemüht sind, ihre Längsachse gleichgerichtet zu halten, sonst aber beliebig in der Wassermasse herumschwimmen. Der Übergang von der einen zur anderen Schwimmweise geht ohne äußeren Anlaß vor sich und wiederholt sich bei beiden innerhalb weniger Minuten mehrmals. Zwischendurch kommt gelegentlich auch ganz regelloses Herumschwimmen vor. Es fällt auf, daß sich beide Elritzen, wenn sie (von der Mitte kommend) radial auswärts schwimmen, ganz frei gegen die Strömung wenden.

Dritte Phase: Beide Tiere schwimmen energisch gegen die Strömung, halten sich jetzt gut am Ort, besser als in der zweiten Phase. Im übrigen ist das Verhalten gleich: Gelegentlich Sehnenschwimmen, daneben auch bloß Beibehaltung der Längsachsenrichtung. Schließlich legen sich die Fische wieder in Ruhe auf den Boden.

---

[1] Von einem passiven Mitführen ist keine Rede: Der Kontakt mit der glattwandigen Schale ist sehr leicht, wovon man sich durch eine kleine Beschleunigung oder Hemmung der Schalenbewegung leicht überzeugen kann.

Knapp nach dem Versuch, der etwa 8 Min. dauerte, fressen beide lebhaft und lassen keine besondere Ermüdung erkennen.

Dieser Versuch wurde am nächsten Tag mit wesentlich gleichem Ergebnis wiederholt. Auch drei Versuche mit einzelnen normalen (bloß geblendeten) Elritzen und drei weitere mit einer anderen Seitenorganoperierten zeigten konstant die beschriebene Reaktionsfolge. So legten sich die Tiere während der ersten Phase ausnahmslos auf den Boden, mit dem Kopf in der Drehrichtung, um nach 2—3 Min. aus eigenem Antrieb den Boden der Schale zu verlassen und sich gegen die nunmehr ebenfalls rotierende Wassermenge zu wenden.

In der zweiten Phase zeigte eine (normale) Elritze eine interessante Abweichung: Nachdem sie sich eine Zeitlang frei gegen die Strömung gehalten hatte, wurde sie (nach Kontakt mit der Wand) „unschlüssig", ging zu Boden und wendete sich nun ohne Beachtung der Strömung, gegen die sie eben erst angekämpft hatte, mit dem Kopf in der Richtung der Schalenbewegung. Sie hielt sich in bezug auf die Schale und in engem Kontakt mit derselben am Ort (wie in der ersten Phase). Nach einiger Zeit wurde der Boden der Schale wieder verlassen und es erfolgte von neuem freies Anschwimmen gegen die rotierende Wassermasse. Der Wechsel wiederholte sich dann nochmals. Während dieser Vorgänge wurde am Apparat nichts verändert: Schale und Wasser drehten sich seit längerer Zeit (3—4 Min.) mit der gleichen, konstanten Geschwindigkeit.

Ein geblendeter Zwergwels (ein Fisch, für den taktile Reize bekanntlich eine besondere Rolle spielen) zeigte dieses Verhalten noch deutlicher Das Versuchsprotokoll lautet im Auszug:

Erste Phase: Wie bei den Elritzen, länger anhaltend.

Zweite Phase: Verläßt schließlich den Boden der Schale und schwimmt kurze Zeit frei gegen die Strömung an (Sehnenschwimmen, Halten der Längsachsenrichtung). Mit der Schale in Kontakt geraten, stoppt er ab, wendet sich mit ihr und bleibt anhaltend in bezug auf die Schale am Ort. Von mir aufgestöbert, schwimmt er nach Wendung um 180° einige Sekunden frei gegen die Strömung, um sich dann nach Berührung der Schale erneut umzuwenden und an diese zu halten.

Dritte Phase: Schwimmt heftig, nahe über dem Boden gegen die Strömung an. Bleibt (im Gegensatz zur freien Einstellung während der zweiten Phase) sehr gut am Ort.

Schlußfolgerungen. Das wichtigste Organ für die Einstellung blinder Fische im Kreisstrom von kleinem Durchmesser ist zweifellos das *Labyrinth (Drehungssinn).* Das Bestreben, die Richtung der Längsachse beizubehalten ist als Kompensation einer Drehung um die Vertikalachse ohne weiteres verständlich. Auch die weiteren Reaktionen ließen sich wohl durch eine solche Drehungskompensation erklären. Die geblendeten Fische halten sich nicht genau auf der Stelle, sondern schwimmen etwas ruckweise und werden zwischendurch nach rückwärts abgetrieben.

SCHIEMENZ sieht sich auf Grund theoretischer Überlegungen genötigt, eine „noch unanalysierte Fähigkeit, die Drehung an sich zu perzipieren" anzunehmen. Ich kann seine Bedenken, das Labyrinth dafür verantwortlich zu machen, nicht teilen. Es sei in diesem Zusammenhang auf TULLBERGS Angabe hingewiesen, daß bei (sehenden) Karauschen *(Carassius)* die beiderseitige Durchschneidung des *horizontalen* Bogenganges die Einstellung im Kreisstrom völlig aufhebt, während sie bei Durchschneidung der vorderen vertikalen Bogengänge nur wenig, der hinteren gar nicht beeinträchtigt wurde [1].

Neben dem Labyrinth spielt der *Hauttastsinn* entschieden eine Rolle durch Tangorezeption des Untergrundes. Das geht schon aus dem Verhalten zu Beginn der ersten Phase hervor, wo alle Tiere — auch die ohne Seitenorgane — das Bestreben zeigen, das taktile „Bild" des Untergrundes festzuhalten. Ferner zeigte es sich bei dem oben beschriebenen Mitgehen mit der Schale von Elritze und Zwergwels in der zweiten Phase. Die auf Grund ihres Drehungssinnes richtig eingestellten Tiere müssen durch die entlangschleifende Schale den Eindruck bekommen, daß sie sich *mit* einer (scheinbaren) Strömung bewegen. Die dann folgende Orientierung ist rein taktil, denn eine Verschiebung des Wassers gegen die Schale findet nicht statt, ein Strömungsdruck fehlt also [2].

Ausschaltung der *Seitenorgane* beeinflußt die Orientierung blinder Elritzen im Kreisstrom in keiner Weise; sie sind hierbei offenbar nicht beteiligt.

Der *Strömungsdruck* ist auf die Einstellung von Einfluß. Denn wenn die Verschiebung des Wassers gegen die Schale (und somit der Strömungsdruck) zu bestehen aufhört (Ende der ersten Phase), wird bald auch der Boden der Schale verlassen. Auch die Verbesserung der Einstellung beim Übergang von der zweiten Phase in die dritte kann nur durch den Strömungsdruck bewirkt werden, der ja in der zweiten Phase fehlt, bei Beginn der dritten dagegen maximal auftritt. Da nun einerseits die Ausschaltung des „Strömungssinnes" — der Seitenorgane — die Wirkung des Strömungsdruckes nicht schwächt, andererseits die große Bedeutung taktiler Eindrücke feststeht, darf man wohl vermuten, daß der Strömungsdruck nur *indirekt* wirksam ist, indem er die Tiere passiv zum Untergrund bewegt. Wir kommen damit erneut zu den aus den Versuchen mit geraden Strömen großen Querschnittes abgeleiteten Ergebnissen (vgl. S. 190).

IV. Betrachtung weiterer Fragen.

1. Freie Sinneshügel und Kanalorgane.

Das Seitenorgansystem besteht bei den Knochenfischen zunächst aus einzelnen, oberflächlich in der Epidermis liegenden Sinneshügeln. Im Laufe der Entwicklung tritt dann Verlagerung in die Tiefe und somit Bildung von Seitenkanälen ein. Es ist eine wenig beachtete Tatsache,

---

[1] Blinde Elritzen, denen beiderseits der Komplex Utriculus mit Bogengängen exstirpiert ist, zeigen keine Einstellung. Das beweist freilich nicht viel, da solche Tiere nicht mehr ordentlich schwimmen können und auch im geraden Strom kaum mehr eine Einstellung zeigen, trotzdem hierbei das Labyrinth an sich keine Rolle spielt.

[2] Am Zustandekommen dieses Verhaltens mag folgendes beteiligt sein: Liegen die Tiere am Außenrand der Schale mit dem Kopf in deren Drehungsrichtung, so ist das die einzige Stellung, in der sie an der Beibehaltung ihrer Längsachsenrichtung behindert sind (durch die Schalenwand).

daß von dieser Einlagerung nur ein Teil der Sinneshügel betroffen wird, so daß bei allen Fischen *neben den Kanalorganen* zeitlebens freie — wenn auch nicht immer strikt oberflächliche — Sinneshügel vorhanden sind [1]. Oben (S. 182) wurde schon erwähnt, daß eine zweite (dorsale) Rumpflinie mit nur freien Seitenorganen, die vom Hinterhaupt bis zur Rückenflosse reicht, ohne Ausnahme angetroffen wird. Es würde aber zu weit führen, auf die auch sonst nicht regellose Anordnung dieser freien Organe hier näher einzugehen (vgl. Abb. 2—5).

Die Kanalbildung ist bei vielen Fischarten mehr oder weniger unterdrückt, bei manchen unterbleibt sie — wie bei allen Amphibien — ganz. Die Elritze ist ein Beispiel dafür, daß auch bei *einer* Art Differenzen bei der Bildung der Seitenkanäle auftreten können. So findet man z. B. bei 5 cm langen Elritzen in der Regel am Kopf und am vorderen Rumpfteil Kanäle. Es gab aber auch Tiere, die bei dieser Größe kaum eine Andeutung der Kanalbildung erkennen ließen, somit fast ausschließlich freie Organe besaßen.

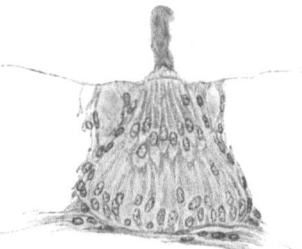

Abb. 13. Schnitt durch einen freien Sinneshügel aus der Rumpflinie der Elritze mit stark geschrumpfter „Cupula" (vgl. Abb. 15, welche die Cupula bei gleicher Vergrößerung ungeschrumpft zeigt). 270 ×.

Experimente haben gezeigt, daß *sowohl freie Organe als Kanalorgane* die Fernwahrnehmung fester Körper, wie auch die Wahrnehmung von Wasserstrahlen vermitteln können. Für die Kanalorgane geht dies aus HOFERs Versuchen am Kopf des Hechtes, sowie meinen eigenen an *Corvina* hervor [2]; für die freien Organe wurde es von SCHARRER und KRAMER an Amphibien, von mir in der vorliegenden Arbeit an Fischen gezeigt.

Die Reizung der freien Organe. Die oberflächlichen Sinneshügel sind für Strömungen des umgebenden Wassers direkt zugänglich. F. E. SCHULZE (1861, 1870) sah den freien Sinneshügeln bei Fischen (z. B. *Gobius*) und Amphibienlarven eine zarte glashelle „Röhre" aufsitzen, welche die starren Sinneshaare umgab. Sie war sehr biegsam und zeigte schon bei schwachen Strömungen des Wassers ein leichtes Hin- und Herflottieren.

Auf Schnitten durch die Haut der Elritze [3] findet man an den freien Sinneshügeln gelegentlich Bildungen, die an die SCHULZEsche „hyaline

---

[1] Solche freie Sinneshügel sind nicht nur bei allen daraufhin untersuchten Knochenfischen, sondern auch bei Selachiern am Rumpf aufgefunden worden. Am Kopf der Selachier nehmen die LORENZINIschen Ampullen ihre Stelle ein.

[2] RODEs Schlußfolgerung: „*l'Organe sensoriel du téléostéen adulte, au corps recouvert d'écailles, n'est plus qu'un organe rudimentaire*" ist so mangelhaft begründet, daß ein Eingehen darauf überflüssig erscheint; dies um so mehr, als sie bereits durch die erwähnten Tatsachen widerlegt ist.

[3] Herr v. WOELLWARTH war so freundlich, mir einige seiner Präparate zur Verfügung zu stellen.

Röhre" erinnern (Abb. 13). Es gelang, sie auch im frischen Zustande aufzufinden. Ich suchte zunächst vergeblich, da sie vollkommen durchsichtig sind. Auf folgende Weise lassen sie sich aber ohne Mühe beobachten.

Eine narkotisierte Elritze wird in Normallage in einer Schale mit Wasser auf weißem Untergrunde festgesteckt. Stellt man nun bei guter Beleuchtung und etwa 60facher Vergrößerung (binokulare Lupe) auf die Umrißlinie ein, dann findet man die freien Sinneshügel durch glashelle, ein wenig eingesenkte flache Vorwölbungen angedeutet[1]. In der Mitte der Wölbung, die die freie Oberfläche des Sinneshügels darstellt, befindet sich ein seichtes Grübchen: die Abgangsstelle der (selbst nicht sichtbaren) Sinneshaare [2].

Bringt man auf der weißen Unterlage (unter dem Fisch) einen dunklen Querstreifen an, so wird an den Sinneshügeln, die über der Grenzlinie

Abb. 14. Schwanzende einer Elritze mit Cupulae der freien Sinneshügel in frischem Zustande und im natürlichen Größenverhältnis (Dorsalansicht). 10 ×.

des dunklen und hellen Untergrundes liegen ein senkrecht abstehender, glasheller Zylinder sichtbar. Er sitzt dem vorhin erwähnten seichten Grübchen auf, schließt also die Sinneshaare ein. Die Länge beträgt etwa 0,1 mm, der überall gleich große Durchmesser 0,02 mm. Durch Verwendung einer geeignet gestreiften Unterlage kann man sich leicht davon überzeugen, daß solche Cupulae längs der ganzen Rumpflinie bis auf die Schwanzflosse vorkommen (Abb. 14). Ich fand sie in gleicher Ausbildung auch sonst an allen Stellen, an denen freie Sinneshügel ausgebildet sind; so besonders zahlreich am Kopf, ferner an der dorsalen Rumpflinie (vgl. Abb. 2, S. 168). Sie entsprechen ganz den von SCHULZE beschriebenen „hyalinen Röhren". Ob es sich wirklich um *hohle* Bildungen handelt, scheint mir zweifelhaft.

Es fällt nun bald auf, daß die Cupulae von Schwankungen der umgebenden Wassermasse abgebogen werden; ja, man kann wohl von einem

---

[1] Es sind damit vorragende, konische Erhebungen nicht zu verwechseln, die Teile der *Geschmacksknospen* darstellen. Auch die häufig vorhandenen „Perlorgane" bleiben natürlich außer Betracht.

[2] Man kann die Lage der freien Sinneshügel am *lebenden* Fisch dadurch kenntlich machen, daß man ihn auf einige Stunden in einer Methylenblaulösung hält. Es färben sich dann die Sinneszellen (bzw. die zu ihnen führenden Nervenfasern) an.

flottieren sprechen, wenn sie sich auch beim Abflauen der Wasserbewegung elastisch wieder in die senkrechte Stellung aufrichten. Durch ein seitlich auftreffendes Pipettenströmchen werden sie — je nach dessen Stärke — mehr oder weniger flach umgelegt (Abb. 15). Beim Darüberstreichen mit einer feinen Nadel kann man die elastische Festigkeit der Cupula beobachten und auch, daß sie mit dem Sinneshügel ziemlich fest verbunden ist. Eine nicht allzu grobe Berührung mit festen Körpern verträgt sie also ohne Schaden.

Ein dahingehendes Studium dürfte ergeben, daß derartige Bildungen den oberflächlichen Sinneshügeln allgemein zukommen. Ich fand sie in gleicher Weise am Rumpf einer (20 cm langen) Quappe *(Lota)*, aber auch an den Rumpforganen des Schlammpeitzgers, obwohl MERKEL angibt (S. 58), daß bei diesem Fisch „jede Schutzvorrichtung der sehr zahlreichen Hügel, auch die hyaline Röhre vollständig fehlt". SCHULZE selbst konnte die „Röhren" beim Stichling *(Gasterosteus)* nicht auffinden

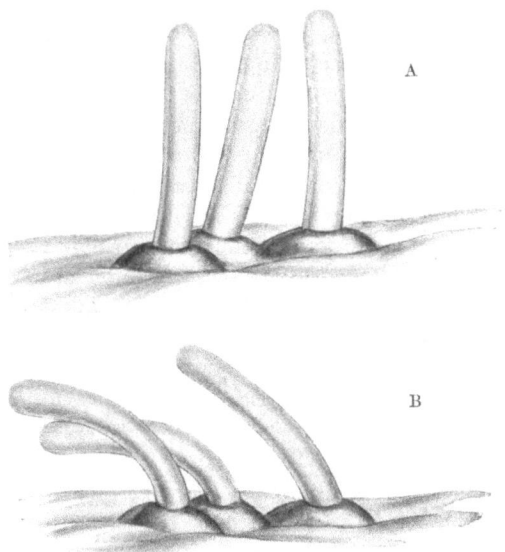

Abb. 15. Gruppe von drei freien Sinneshügeln aus der Rumpflinie der Elritze mit Cupulae in frischem Zustande. A in Normalstellung, B beim Auftreffen eines von rechts kommenden Wasserströmchens. (Es handelt sich bei dieser Gruppe um eine der kurzen Querreihen, aus denen sich der hintere Abschnitt der Rumpflinie zusammensetzt; vgl. Abb. 2 S. 168). 270×.

(1870), trotzdem dort die Sinneshaare deutlich zu sehen waren. Ich konnte mich aber überzeugen, daß auch beim Stichling die Cupulae (anscheinend etwas kürzer und derber als bei der Elritze) an Kopf und Rumpf vorhanden sind. Diese Tatsachen mögen zeigen, wie vorsichtig negative Befunde zu bewerten sind.

Wie die von SCHULZE und MERKEL beschriebenen abweichenden Bildungen („Taschen", „Aortenklappen") funktionieren, ist noch ungeklärt. Sie kommen (nach Schnitten) vielleicht auch bei der Elritze vor an Sinneshügeln, die sich durch ihre breite Form auszeichnen. Weitere Angaben über Cupulae bei freien Sinneshügeln findet man bei MALBRANC, SOLGER (1877), EMERY und SARASIN.

Die Reizung der Kanalorgane. Die in Kanälen liegenden Sinnesorgane sind von der unmittelbaren Berührung des strömenden Wassers weitgehend ausgeschlossen. Sie können nur mehr durch eine Verschiebung des Kanalinhalts erregt werden und scheinen so in erster Linie geeignet,

Ströme durch den bei ihrem Auftreffen erzeugten, lokalen Druck wahrzunehmen. Die dadurch induzierte sekundäre „Strömung" von Teilen des Kanalinhaltes ist (im Gegensatz zur primären äußeren Strömung) nicht nur der Richtung nach genau festgelegt, sondern wohl auch nur von momentaner Dauer. Denn ein namhaftes Eindringen von Wasser in den Kanal scheint bei der Feinheit der Poren kaum möglich [1] und findet auch offenbar nicht statt, da der Kanalinhalt nicht aus Wasser, sondern aus einer dicklichen Flüssigkeit besteht [2]. *Ausgeschlossen* ist ein Eindringen von Wasser dort, wo Öffnungen fehlen, wie längs des Rumpfkanals von *Lota* (vgl. HYRTL). Bei der Untersuchung einer 20 cm langen Quappe *(Lota)* unter der Lupe konnte ich feststellen, daß ein dünnes Pipettenströmchen beim Auftreffen auf die Wand des Rumpfkanals eine leichte Vorwölbung der kranial und kaudal zunächst benachbarten Kanalabschnitte bewirkt [3]. Bezeichnet man 5 aufeinanderfolgende Kanalerweiterungen von vorn nach hinten mit 1—5, so werden, wenn der Strahl auf 3 auftrifft, 2 und (anscheinend etwas stärker) 4 erweitert, dagegen nicht mehr sichtbar 1 und 5. Bei lokaler Druckerhöhung werden also durch die Bewegung des Kanalinhaltes die zunächst benachbarten Sinnesorgane am stärksten getroffen werden.

Verwandte Verhältnisse scheinen bei *Centropomus* vorzuliegen — DERCUM spricht [4] von trommelfellartigen Bezirken zwischen den knöchernen Umscheidungen der Kanalwand — wie auch bei den weiten Kopfkanälen der Macruriden (PFÜLLER).

Auch bei den normalen, tiefer liegenden Seitenkanälen wird der Erregungsvorgang prinzipiell der gleiche sein. Die „trommelfellartigen Bezirke" sind dann durch die Kanalporen ersetzt zu denken, die somit als Einlaß- und Ausweichstellen funktionieren würden. In dieser Beziehung ist PARKERs (1909) Angabe interessant, daß Druck mit einem festen Körper die Seitenlinie eines Haifisches *(Mustelus)* ebenso erregte, wie ein auf sie gerichteter Wasserstrom.

Auf lokale Druckwirkung scheinen auch die LORENZINIschen Ampullen am Kopf der Selachier [5] anzusprechen, die modifizierte *freie* Seitenorgane darstellen (vgl. MERKEL). Ihre biologische Aufgabe ist noch unbekannt, wird aber zunächst im Rahmen der allgemeinen Seitenorganfunktion (Ferntastsinn) zu suchen sein.

PARKER (1909) entfernte bei *Mustelus canis* Haut und Seitenkanäle über einer Gruppe von Endampullen. Bei leichtem Druck mit einem Glasstab trat als reflektorisches Erregungszeichen Einhalten der Atembewegungen auf. Nach Durchschneidung des die Ampullen versorgenden Nervenästchens fiel die Reaktion aus. METCALF machte PARKERs Versuch an *Acanthias vulgaris* nach mit wesentlich gleichem Ergebnis.

---

[1] Auch die anscheinend so mächtigen (von WUNDER unrichtig als „Grubenorgane" bezeichneten) Poren am Kopf des Hechtes führen nicht direkt in die Kopfkanäle, sondern in blind geschlossene Mulden, in deren Grunde sich erst die tatsächliche, kleine Öffnung befindet.

[2] Nach den (allerdings spärlichen) Angaben von LEYDIG (1851, 1852), HYRTL und MERKEL (vgl. auch SMITH). Die Flüssigkeit scheint mit dem gewöhnlichen Schleim nicht identisch zu sein.

[3] Ebenso leichter Druck mit einem Stecknadelkopf.

[4] Zitiert nach RAUTHER.

[5] Sie wurden neuerdings auch bei einem Knochenfisch (dem marinen Siluriden *Plotosus anguillaris*) beschrieben (FRIEDRICH-FREKSA).

DOTTERWEICH bemerkt mit Recht, daß die in den genannten Versuchen gewählte Reizart nicht die natürliche sein kann. Das hielt ihn aber erstaunlicherweise nicht davon ab, selber auf eine ebensowenig natürliche (nur noch weniger klare) Art zu reizen, indem er „an denjenigen Stellen des Kopfes, an denen Ampullenpakete liegen" subkutan destilliertes Wasser injizierte. Er beobachtete daraufhin gewisse Reaktionen, die nach Durchschneidung des Facialis an der Wurzel ausblieben. Die Wirkung der Injektion auf die Ampullen wurde auf hypothetischem Wege erschlossen; ferner wurden nicht nur die LORENZINIschen Ampullen, sondern gleichzeitig die Seitenorgane des Kopfes ausgeschaltet. Abgesehen davon wäre es keinesfalls angängig, dieser vermuteten Reizung durch „Quellungsdruck" Veränderungen des hydrostatischen Druckes als natürliche Reize gleichzusetzen. Dazu hätte es des Nachweises bedurft, daß eine *tatsächliche* Erhöhung des hydrostatischen Druckes die gleichen Reaktionen zur Folge hat. Vorläufig ist meines Wissens die Frage berechtigt, ob Haifische überhaupt imstande sind, Änderungen des hydrostatischen Druckes wahrzunehmen. Auch DOTTERWEICHs Nachweis, daß die LORENZINIschen Ampullen „in ihrer Funktion keinerlei Beziehung zu den Seitenorganen" hätten, scheint mir nicht überzeugend. Die Fische reagierten zwar ohne Seitenorgane nicht mehr auf schwache Wasserströme, zur Ausschaltung der Kopfkanäle unter Schonung (?) der Ampullen wurde aber Kokainbepinselung angewendet, eine Methode, deren Unzulänglichkeit S. 191 ausführlich dargelegt wurde.

An den Kanalorganen sind wiederholt Cupula-artige Bildungen beschrieben worden. Sie sind für die Übertragung von Verschiebungen des Kanalinhalts auf die Sinneshaare zweifellos von großer Bedeutung.

LEYDIG hat wohl als erster diese Gebilde gesehen, wenn er (1851) von den Kopfkanalorganen von *Lepidoleprus* schreibt: „Jeder Nervenknopf ist von einer glashellen Gallertschicht mützenartig bedeckt, die sich leicht abheben läßt." SOLGER (1877, 1878, 1879, 1880) beschreibt Cupulae in frischem Zustande von den Kanalorganen von *Corvina, Umbrina, Acerina, Lota* und auch bei Chimären und Rochen. Weitere Angaben machten EMERY, BODENSTEIN und COLE. Auch bei der Elritze kommen sie (nach Schnitten) vor.

2. *Seitenorgansystem und Labyrinth.*

Man hat die Seitenorgane auf Grund einer gewissen Verwandtschaft in Bau und Entwicklung auch physiologisch mit dem Labyrinth in Beziehung gebracht.

Wir wissen heute, daß sich das Labyrinth der Elritze aus zwei funktionell getrennten Teilen zusammensetzt: Dem Gehörorgan (Sacculus und Lagena) und dem Gleichgewichts- und Drehsinnsorgan (Utriculus und Bogengänge).

Die Ansicht früherer Autoren, nach der die Seitenorgane in irgendeiner Form an der *Schallwahrnehmung* beteiligt wären — wofür auch Experimente zu sprechen schienen — kann nach den Ergebnissen von v. FRISCH und STETTER als *widerlegt* angesehen werden.

Grobe Erschütterungsreize (Klopfen ans Aquarium und dgl.) erregen die Seitenorgane ebenfalls nicht (HOFER). Daß Wellenbewegungen, bei denen merkliche Verschiebungen von Wasserteilchen und somit lokale Strömungsreize auftreten (wie z. B. Oberflächenwellen) von den Seitenorganen wahrgenommen werden können, steht mit den im vorhergehenden mitgeteilten Befunden nicht in Widerspruch.

Es muß allerdings betont werden, daß sich kein Anhaltspunkt ergeben hat, anzunehmen, daß die natürliche Reizung der Seitenorgane in einer periodischen Wiederholung von Druck- oder Strömungsreizen besteht. Es hat sich im Gegenteil gezeigt, daß ein *einmaliger* Druck- oder Strömungsreiz zur Erregung der Seitenorgane ausreicht.

Anders verhält es sich mit der Frage, ob die Seitenorgane eine funktionelle Verwandtschaft mit dem statisch-dynamischen Labyrinthabschnitt besitzen. Neben der Gleichgewichtsfunktion — die diesbezüglichen Versuche LEEs wurden bereits vor langer Zeit von PARKER (1904) widerlegt — dachte man vor allem an eine Beteiligung der Seitenorgane bei der *Regulierung der Fortbewegung.* (SCHULZE 1870, HOFER, STEINMANN). In neuerer Zeit hat besonders RAUTHER diese Gedankengänge klar formuliert. So heißt es mit bezug auf die nach bestimmten Richtungen orientierten Seitenorgane der Syngnathiden: ,,Es muß wohl für den lokomotorischen Reflexmechanismus der Fische von besonderem Wert sein, alle durch die relativen Verschiebungen ihres Körpers zum umgebenden Wasser entstehenden Reize mit einem solchen verkörperten Raumschema aufzunehmen."

Experimentell sind ernstliche Argumente für diese Ansicht kaum geliefert worden. Die Bedeutung der Seitenorgane für die Wahrnehmung von ,,Stärke und Richtung des fließenden Wassers" wurde stark überschätzt, wie sich im vorhergehenden gezeigt hat. Wenn nun dennoch die Vermutung richtig ist, daß die Seitenorgane Stärke und Richtung der beim Schwimmen erzeugten, relativen Wasserbewegungen wahrnehmen, und so neben dem Labyrinth an der Kontrolle über die Fortbewegung beteiligt sind, dann müßte sich das an der Schwimmweise nach Ausschaltung der beiden Organsysteme zeigen.

Das Verhalten nach Ausschaltung der Seitenorgane. Schon STANNIUS gibt an, daß die Durchschneidung der beiden Seitennerven beim Aal *(Anguilla)* keine erkennbare Veränderung in seinem Verhalten zur Folge hat. Dieselbe Beobachtung wurde später wiederholt an anderen Fischen gemacht und ich kann sie für die (blinde) Elritze bestätigen. Macht man aber die gleiche Operation (Extraktion der Rami lat. X) an Elritzen, denen bereits die Kopforgane nach der alten Methode ausgeschaltet waren, so zeigen die Tiere von diesem Augenblick an ein merklich *verändertes Verhalten:* Während sie vorher normal und frei herumschwammen, liegen sie jetzt andauernd regungslos am Boden. Durch eine leichte Erschütterung aufgeschreckt, fahren sie unter äußerst raschen, schlängelnden Bewegungen des Rumpfes über dem Boden herum. Der Unterkiefer wird an den Grund gepreßt, der Rumpf schwebt frei, so daß der Körper eine etwas schräge Lage einnimmt. Man bekommt etwa den Eindruck eines nach der Spur schnüffelnden Hundes. Das Verhalten bleibt in dieser Stärke 1—5 Tage bestehen und nimmt dann allmählich ab, bis die Fische schließlich ihre normale Bewegungsweise wiedererlangt haben. Bei

8 daraufhin beobachteten Tieren variierte die Zeit hiefür von 3—15 Tagen, vom Tage der Rumpfoperation an gerechnet [1].

Wie ist diese Erscheinung zu erklären?

Eine Schockwirkung als Folge der Operation liegt nicht vor, denn ohne vorhergehende Kopfoperation hat der gleiche Eingriff (Extraktion der Rami lat. X) keine Nachwirkung. Die Ursache kann somit nur im Funktionsausfall der Rumpfseitenorgane gelegen sein, wobei sich weiter die Frage ergibt: Wird die vorübergehende Änderung der Fortbewegungsweise direkt, d. h. in der oben angedeuteten Weise dadurch bewirkt, daß ein wichtiges Kontrollorgan der Bewegungen plötzlich ausfällt oder ist sie nur als Ausdruck einer *allgemeinen Nervosität* aufzufassen?

Ich glaube, mich für das Letztere entscheiden zu müssen, und zwar aus folgenden Gründen:

a) Eine Elritze, der die Seitenorgane des Kopfes nach der *neuen* Methode ausgeschaltet waren, zeigte nach Durchtrennung der Seitennerven kaum eine Änderung im Verhalten.

b) Dagegen konnte man ein ähnliches Verhalten auch nach anderen Operationen (z. B. Wegnahme der Flossen) beobachten, bei denen oft große Teile des Seitenorgansystems intakt blieben. SCHICHE beobachtete derartige Erscheinungen an Zwergwelsen nach der Blendung [2].

c) Für eine *allgemeine Nervosität* spricht die leichte Erregbarkeit sowie die Tatsache, daß während der abnormalen Periode in der Regel das Futter verweigert wurde, auch dann, wenn die Tiere bis zur Rumpfoperation regelmäßig gefressen hatten. PARKER und v. HEUSEN geben an, daß ihre Zwergwelse nach Ausschaltung der Seitenorgane nervös und leicht erregbar waren. Daß es sich auch hier um eine allgemeine Nervosität handelt, geht besonders daraus hervor, daß Tiere ohne Seitenorgane auf einige mechanische Schreckreize *lebhafter* reagierten als normale.

Die vorübergehende allgemeine Nervosität mit Bewegungsscheu ist nur verständlich, wenn die Rumpfseitenorgane vor der Ausschaltung für das Tier eine bedeutsame Rolle spielten. Da kommt in erster Linie die Fähigkeit der Fische in Frage, mit den Seitenorganen ruhende feste Körper, also *Hindernisse aller Art* „von ferne zu fühlen". Es ist verständlich, daß sich der Verlust dieser Fähigkeit besonders dann bemerkbar machen muß, wenn neben dem Auge auch noch der Tastsinn größtenteils ausgeschaltet war, somit dem „Ferntastsinn" fast ganz die Aufgabe zufiel, den Fisch über feste Körper in seiner Umwelt zu unterrichten. Es ist wohl kein Zufall, daß geblendete Katzen ganz ähnliche Zeichen des Unbehagens und der Bewegungsscheu zeigen, wenn ihnen die *Schnurrhaare* abgeschnitten werden (SCHMIDBERGER). Als „Ferntastorgane" sind eben die Schnurrhaare den Seitenorganen biologisch verwandt [3].

Zusammenfassend kann man sagen, *daß Ausschaltung der Seitenorgane die Fähigkeit der Fortbewegung nicht beeinträchtigt*. Die Tiere sind kurze

---

[1] Auch ein Gründling zeigte am Tage nach der letzten (Rumpf-) Operation ein ähnliches Verhalten.

[2] Freilich wurde das nicht durch den Verlust des Gesichtssinnes hervorgerufen, wie SCHICHE meinte, denn meine durch Exstirpation der Bulbi geblendeten Zwergwelse waren eher ruhiger als zuvor. Wahrscheinlich wurden beim Blenden (Ausbrennen der Augen bis zur Retina) andere Organe verletzt.

[3] Vgl. nächsten Abschnitt.

Zeit nach der Operation in dieser Beziehung von normalen (d. h. bloß geblendeten) nicht zu unterscheiden.

Das Verhalten nach Ausschaltung des Gleichgewichtsorgans. Die Folgen der Exstirpation von Utriculus und Bogengängen für die Fortbewegung sind für die Elritze neuerdings eingehend beschrieben worden (v. FRISCH und STETTER; LÖWENSTEIN). Ich kann diese Angaben nur bestätigen. *Blinde* Tiere verlieren nach der Operation zeitlebens die Fähigkeit, sich freischwebend normal fortzubewegen. Es ist nun von großem Interesse, daß *sehende* Tiere diese Ausfallserscheinungen nach verhältnismäßig kurzer Zeit mit Hilfe optischer Eindrücke zu kompensieren vermögen. Das kann soweit gehen, daß sie von normalen Fischen kaum zu unterscheiden sind. Dies zeigt, daß eine Kompensation der Bewegungsstörungen durchaus *möglich* ist. Wenn es daher blinde Fische nicht mehr lernen, geordnet zu schwimmen, trotzdem die Seitenorgane völlig intakt sind, so bildet das eine weitere Stütze für die Vermutung, daß sie für die Kontrolle der Fortbewegung ohne Bedeutung sind [1].

Man könnte vielleicht auf den Gedanken kommen, daß bei der Kompensationsleistung der sehenden Tiere die Seitenorgane *beteiligt* seien. Ich habe daher zwei sehende, Utriculusoperierte, aber wieder gut schwimmende Elritzen während einigen Tagen bei den Fütterungen und in ihrem sonstigen Verhalten genau beobachtet. Die daraufhin vorgenommene Ausschaltung der Seitenorgane (neue Methode) blieb auf die Sicherheit der Bewegungen ohne Einfluß [2].

Schlußfolgerungen. Das Seitenorgansystem ist an der Kontrolle der Fortbewegung ebensowenig beteiligt, wie an der Gleichgewichtserhaltung oder der Schallwahrnehmung. Der Funktionsbereich ist also von dem des Labyrinthes scharf geschieden. Die wohl begründete Ansicht von der genetischen Verwandtschaft beider Organsysteme erhält auf physiologischem Gebiet nur insofern eine Stütze, als die Art der Erregung der Seitensinneshügel und der Cristae in den Bogengangsampullen im Prinzip die gleiche ist: Passive Bewegung von Cupulae (und somit von Sinneshaaren) durch aufprallende Flüssigkeitsteilchen (vgl. STEINHAUSEN). Die funktionelle Trennung beider Organe wird dadurch bedingt, daß diese Flüssigkeitsbewegungen nur Vermittler der biologisch adäquaten Reize darstellen; wie im Bogengangsapparat durch Körperdrehungen, werden sie bei den Seitenorganen durch die Annäherung oder Bewegung fester Körper hervorgerufen [3].

---

[1] Ein gewisses Maß von Ausfallskompensation kommt in manchen Fällen auch bei blinden Elritzen vor, aber nur in oder knapp nach Kontakt mit dem Boden, also auf Grund von *taktilen* Reizen.

[2] Diese „labyrinth- und seitenorganlose" Elritzen zeigten (freischwimmend) ausgezeichnete rheotaktische Einstellung im geraden Strom großen Querschnitts — ein neuer Beweis für die Bedeutung optischer Reize bei diesen Reaktionen (vgl. S. 186).

[3] Vgl. nächsten Abschnitt.

3. Die biologische Bedeutung der Seitenorgane.

HOFER war der Ansicht, daß es die beiden Hauptaufgaben der Seitenorgane seien, Stärke und Richtung der natürlichen Wasserströmung wahrzunehmen. Schon RAUTHER sagt: „Daß auch die Meeresfische allgemein Seitenorgane haben, warnt vor einseitiger Auffassung im Sinne: Regulierung der rheotaktischen Einstellung bei Flußfischen". Und aus meinen Versuchen hat sich darüberhinaus ergeben, daß die Seitenorgane für die Rheotaxis durchaus entbehrlich und nur von ganz untergeordneter Bedeutung sind.

Um so mehr haben sich die Beweise gehäuft — den ersten Schritt tat auch hier schon HOFER — daß die Seitenorgane imstande und besonders geeignet sind, schwache Druck- und Strömungswirkungen wahrzunehmen, wie sie bei der Annäherung fester Gegenstände auf den Fischkörper wirken. Daß den Fischen und wasserbewohnenden Amphibien tatsächlich ein Fernwahrnehmungsvermögen für feste Körper, ein „Ferntastsinn", allgemein zukommt, kann im Verband mit dem Vorhergehenden heute als erwiesen gelten und auch, daß das Seitenorgansystem dessen Sitz darstellt [1]. Zugleich hat sich eine vielseitige biologische Bedeutung dieses Sinnes (und somit der Seitenorgane) gezeigt.

Auffindung von Beutetieren. MATTHES beschreibt, wie blinde Molche *(Triton)* auf ein in ihrer Nähe bewegtes Stäbchen reagieren mit Hinwenden, Folgen oder Zuschnappen. Sogar nahe vorüberschwimmende Daphnien wurden bemerkt und zielsicher aufgeschnappt. Ähnliche „Futterreaktionen" beobachtete WUNDER an hungrigen Hechten *(Esox)*, Quappen *(Lota)* und Aalen *(Anguilla)*, SCHARRER an Salamanderlarven *(Amblystoma)*, KRAMER beim Krallenfrosch *(Xenopus)*, LISSMANN beim Kampffisch *(Betta)*, ich selbst an Makropode und Kaulbarsch. Nach wenigen Dressurfütterungen erhielt ich solche Reaktionen auch von anderen Fischen, so von Elritzen, Gründlingen, Bartgrundeln und Zwergwelsen.

Flucht vor Feinden. BATESON berichtet, daß blinde Brachsen *(Abramis)* und Kaulbarsche vorgehaltenen Gegenständen, wie einer Glasplatte, auswichen. Dasselbe gibt HOFER vom Hecht, BAGLIONI von *Balistes* an. Ich selbst konnte es an *Corvina*, Kaulbarsch und Makropode feststellen, nach kurzer Dressur wiederum auch an Elritzen, Bartgrundeln, Schlammpeitzgern und Zwergwelsen. Dabei zeigte sich bei schwacher Reizung (kleine Körper) Neigung zur Futterreaktion, bei grober (große Körper) zur Schreckreaktion. Dasselbe ist nach MATTHES bei *Triton* der Fall.

Ausweichen vor Hindernissen. Die Fernwahrnehmung *ruhender* Gegenstände ermöglicht es den Fischen, auch im Dunkeln Hindernisse rechtzeitig zu bemerken. Dies ist bei blinden Fischen wiederholt beobachtet worden, so von BATESON für Brachsen und Kaulbarsche, von BAGLIONI für *Balistes*, von mir für *Corvina*. Manchmal *suchen* die Tiere die Nähe von festen Körpern zur Orientierung. So gibt P. DE SÈDE an, daß ein blinder Barsch *(Perca)*, dem auf einer Seite der R. lat. X durchschnitten war, in einem Aquarium mit Hindernissen ständig die gesunde Seite den Gegenständen zugekehrt hielt. Ebenso beobachtete ich, daß eine einseitig operierte *Corvina* im großen rechteckigen Wohnbecken immer so herumschwamm, daß die intakte Seite 1—2 cm von der Wand entfernt war. Auch HOFER gibt an, daß ein blinder, aufgestöberter Hecht in einem runden Faß in geringer Entfernung von der Wand

---

[1] Letzteres auf Grund der Ausschaltversuche von HOFER, WUNDER, DOTTERWEICH, SCHARRER, KRAMER und DYKGRAAF.

an dieser entlang schwamm, ohne daran anzustoßen. Das Verhalten der Elritzen nach Verlust der Seitenorgane hat zu dem Schluß geführt (S. 203), daß die Fernwahrnehmung ruhender Körper auch bei diesem Fisch zu den ständigen Aufgaben unseres Sinnesorgans gehört.

Beziehungen zwischen Artgenossen. Meine Makropoden zeigten häufig ihre bekannten Spiele. Besonders interessiert hier das Stadium, bei dem die Fische sich in etwa 1 cm Entfernung parallel so nebeneinander befinden, daß die Schwanzflosse des einen neben dem Kopf des anderen zu liegen kommt. Wenn zwei spielfreudige Tiere in diese Stellung gelangen, spreizen sie die Schwanzflossen maximal und beginnen mit dem ganzen Körper eigenartig zitternde Bewegungen auszuführen, wobei sie sich dunkel färben und in Erregung geraten. Nun zeigt das Verhalten der Tiere vor ihrem Spiegelbild, daß optische Reize eine große Rolle spielen. Um über die Bedeutung der Seitenorgane Aufschluß zu gewinnen, wurde daher einer der Partner geblendet[1]. Tatsächlich kam es auch jetzt nach einigem vergeblichen Werben des sehenden Tieres zum oben beschriebenen Verhalten. Die Tiere benahmen sich dabei ganz gleich, wurden *beide* erregt und dunkel gefärbt[2]. Als der sehende Partner daraufhin zu beißen anfing (wie das üblich ist), zog sich der blinde zurück. Er reagierte dann in der folgenden Zeit auf alle Annäherungsversuche leider nur mehr ausweichend. In Zusammenhang mit meinen Ausschaltexperimenten (S. 183) ist jedenfalls sichergestellt, daß die Seitenorgane bei den Spielen der Makropoden wesentlich zur „Verständigung" beitragen.

In diesen Ferntastfunktionen haben wir ohne Zweifel die eigentliche biologische Bedeutung des Seitenorgansystems zu erblicken. Es ist als „Fernsinn" geeignet, den Gesichtssinn zu ergänzen und bis zu einem gewissen Grade zu ersetzen. So findet man eine starke Erweiterung der Kopfkanäle — was mit einer Steigerung der Leistungen zusammengeht (S. 173) — häufig da, wo die Funktion des Gesichtssinnes infolge nächtlicher Lebensweise oder aus anderen Gründen erschwert ist. Interessant ist in dieser Beziehung die Scholle *Pleuronectes cynoglossus*, bei der die Kopfkanäle an der augenlosen, dem Boden zugewandten Seite starke Erweiterungen zeigen (M'Donell, Traquair). Sodann wären *Acerina, Corvina, Anguilla, Lota, Fierasfer* und besonders die Macruriden und andere Tiefseefische zu nennen.

Die Lebensweise kann auch in anderer Weise die Ausbildung des Seitenorgansystems beeinflussen. Bei vielen Arten ist die Rumpflinie und besonders deren vorderer Abschnitt aus der ursprünglich wohl medianen Lage dorsalwärts verlagert. Das hängt mit der Lage der Brustflosse zusammen, wie schon Plate vermutet und Popovici an Hand eines großen Materials weiter wahrscheinlich gemacht hat. Rückt die Brustflosse an die Körperseite hinauf, so würden die Rumpforgane — wären sie dem durch Wanderung nicht ausgewichen — in den Bereich der von ihr erzeugten Wasserbewegungen fallen (vgl. Abb. 5, S. 171). Es ist heute verständlich, daß dies die Reizaufnahme der betroffenen Sinnesorgane beeinträchtigen müßte. Geradezu beweisend für den Zusammenhang Brustflosse—Seitenlinienbogen sind die Verhältnisse bei der Scholle *Monolene sessilicauda:* Auf der Augenseite finden

---

[1] Schon Stahr hatte die Funktion der Seitenorgane mit diesen Spielen in Beziehung gebracht, ohne allerdings irgendwelche Experimente zur Stützung seiner Vermutung anzustellen.

[2] Lissmanns Ansicht, daß den „Rheorezeptoren" bei diesen Spielen (es handelte sich bei ihm um *Betta splendens*) keine Bedeutung für die Leitung zukommt, trifft also nicht ganz zu.

sich Flosse und Bogen in normaler Ausbildung, während an der dem Boden zugewandten Seite die Brustflosse, *aber auch der Seitenlinienbogen* fehlt (GOODE and BEAN, Abb. 357). Beim Petermännchen *(Trachinus)* und besonders beim Sterngucker *(Uranoscopus)* verläuft die Rumpfseitenlinie in ihrer ganzen Länge nahe der Rückenkante, um erst knapp vor der Schwanzflosse wieder zur Körpermitte abzusteigen. Die Brustflossen kommen hier als kausaler Faktor nicht in Frage, wie die Beobachtung der Tiere beim Schwimmen lehrt. Setzt man sie in ein Aquarium mit Sandgrund, so graben sie sich größtenteils ein. *Die Seitenlinien aber bleiben durch ihre dorsale Lage den äußeren Wasserbewegungen in der Regel zugänglich.*

Den Wechsel des Mediums beim Übergang der Wirbeltiere zum Landleben konnten die Seitenorgane offenbar nicht mitmachen[1]. Das Bedürfnis nach einem Ferntastvermögen war aber damit nicht erloschen; das zeigt sich bei den nächtlich lebenden Säugetieren, die in Form spezialisierter Haare einen gewissen Ersatz erhielten. Die Leistungsfähigkeit der Seitenorgane wurde aber auf diesem Wege nicht mehr erreicht.

V. Zur Funktion der übrigen Hautsinnesorgane.

Bei den Untersuchungen über die Funktion der Seitenorgane hatte ich häufig Gelegenheit, auch bezüglich der übrigen Hautsinnesorgane Beobachtungen anzustellen. Sie haben naturgemäß nur fragmentarischen Charakter.

1. Hauttastsinn.

Das Tastvermögen in der äußeren Haut der Fische ist keineswegs auf bestimmte Körperregionen beschränkt. Berührt man eine geblendete Elritze mit einem am Ende stumpfen Glasfaden, dann wird sie darauf in der Regel nicht reagieren. Jagt man sie aber durch Schläge mit einem Stäbchen ein wenig herum, dann reagiert sie mit einemmal sehr deutlich, indem sie bei leiser Berührung mit dem Glasfaden einen schreckhaften Satz ausführt. Wiederholt man diesen Vorgang öfters, dann ist sie bald „auf Berührung dressiert" und man kann nun feststellen, *daß es keine Stelle der Körperhaut gibt, an der das Tastvermögen fehlt.* Sowohl am Kopf als am ganzen Rumpf einschließlich der Flossen wird Berührung mit der Schreckreaktion beantwortet. Ähnliche Beobachtungen machte ich an den übrigen Versuchsfischen, so namentlich an Gründlingen, Bartgrundeln, Schlammpeitzgern, Makropoden, Zwergwelsen und an *Corvina*.

Auf Tastreize können auch Futterreaktionen erfolgen. Dabei kann man feststellen, daß die Tasteindrücke gut lokalisiert werden. So reagierten futterdressierte Makropoden (aber auch Bartgrundeln und andere Fische) nach Ausschaltung der Seitenorgane bei Berührung der Rumpfseite mit dem Glasfaden durch sofortiges Hinwenden des Kopfes an die gereizte Stelle. Und entgegen SCHICHES Vermutung sind auch die Bartfäden des

---

[1] Die ältesten Tetrapoden, die Stegocephalen, besaßen bekanntlich ganz rudimentäre Kanäle (seichte Rinnen) oder sie fehlten ganz. Sie haben — sofern sie im Wasser lebten — wahrscheinlich wie die rezenten Amphibien nur freie Sinneshügel besessen. Das mag die restlose Rückbildung des Systems mit verursacht haben.

Zwergwelses für Berührung sehr wohl empfindlich, denn meine geblendeten Tiere schnappten in Erwartung der Fütterung lebhaft nach einem Glasfaden, sowie damit eine Bartel berührt wurde.

Es ist auffallend, daß über den bei Fischen offenbar allgemein verbreiteten und gut entwickelten Tastsinn bisher nur spärliche Angaben gemacht worden sind. Dabei wurde zumeist nur für bestimmte Bezirke Berührungsempfindlichkeit festgestellt. Es braucht wohl kaum hervorgehoben zu werden, daß bei der Methode der einfachen Reizung ein negatives Ergebnis noch keinen Schluß auf das Fehlen des Wahrnehmungsvermögens zuläßt.

In der vorliegenden Arbeit wurde festgestellt, daß die Fische feine, aus der Nähe auftreffende Wasserstrahlen mit dem Tastsinn wahrnehmen können. Der Strahl wirkt in diesem Falle wie ein fester Körper (S. 184).

Eine große Bedeutung hat der Hauttastsinn für die rheotaktische Einstellung der Flußfische, deren Zustandekommen nach Ausschaltung optischer Reize im wesentlichen auf Tangorezeption des Untergrundes beruht (S. 190).

Das Organ des Tastsinnes sind freie Nervenendigungen in der Haut (vgl. HERRICK, 1902).

2. *Geschmackssinn der äußeren Haut.*

Die *Endknospen* in der äußeren Haut der Fische sind auf Grund ihres Baues schon bald nach ihrer Entdeckung von F. E. SCHULZE (1863) zuerst als *Geschmacksorgane* gedeutet worden. HERRICK (1902) konnte am Rumpf des Zwergwelses, an dem zahlreiche Endknospen vorhanden sind, Geschmacksvermögen nachweisen. Als PARKER (1908) den Facialisast, der diese Organe versorgt, durchschnitt, war die Empfindlichkeit der Flanke für Fleischsaft aufgehoben. Steht somit die Natur der Endknospen als Geschmacksorgane ziemlich außer Zweifel, so haben mich die günstigen anatomischen Verhältnisse der Bartgrundel veranlaßt, dennoch weitere Versuche zur Erhärtung dieser Ansicht anzustellen [1].

Die Bartgrundel zeichnet sich durch großen Reichtum an Endknospen in der äußeren Haut aus, in welcher Beziehung sie sogar den Zwergwels übertrifft [2]. Diese Tatsache findet auch im Nervensystem ihren Ausdruck (Abb. 16). Von der Wurzel des Facialis entspringt ein mächtiger Nervenast, der horizontal auswärts, dann oberhalb des Kiemendeckels, dicht unter der Haut nach rückwärts verläuft. Beim Übertritt auf die Rumpfseite teilt er sich in drei Äste auf, die sich bis zur Schwanzflosse verfolgen lassen. Der dorsale und ventrale Ast geben Seitenäste an die Flossen ab.

Außer diesem „Seitennervensystem" des Facialis und getrennt davon gibt es den eigentlichen Seitennerven (R. lat. X) mit einem zur Rücken-

---

[1] Daß sie sich noch nicht genügend durchgesetzt hat, geht z. B. daraus hervor, daß HEMPELMANN die Endknospen neuerdings noch als Tastorgane bezeichnet hat (S. 340).

[2] Eine einfache Methode, um dies festzustellen, ist S. 167 (Fußnote 2) angegeben.

kante aufsteigenden Zweig, der sich unter der dorsalen Seitenlinie bis zur Rückenflosse verfolgen läßt.

Nach unseren bisherigen Kenntnissen war es nicht zweifelhaft, daß der rückläufige Facialisast mit seinen Zweigen die zahlreichen Geschmacksknospen der äußeren Haut versorgt.

Es mag hier daran erinnert werden, daß die *Geschmacksknospen der äußeren Haut* immer von Ästen des *Facialis* innerviert werden[1]. In den meisten Fällen handelt es sich um einen selbständigen, dorsalen Ast, so z. B. bei den Siluriden (R. lat. acc. VII). Bei den Cypriniden liegen insofern abweichende Verhältnisse vor, als der Nerv an der *Basis* des Gehirns nach rückwärts verläuft (R. recurrens VII) und sich

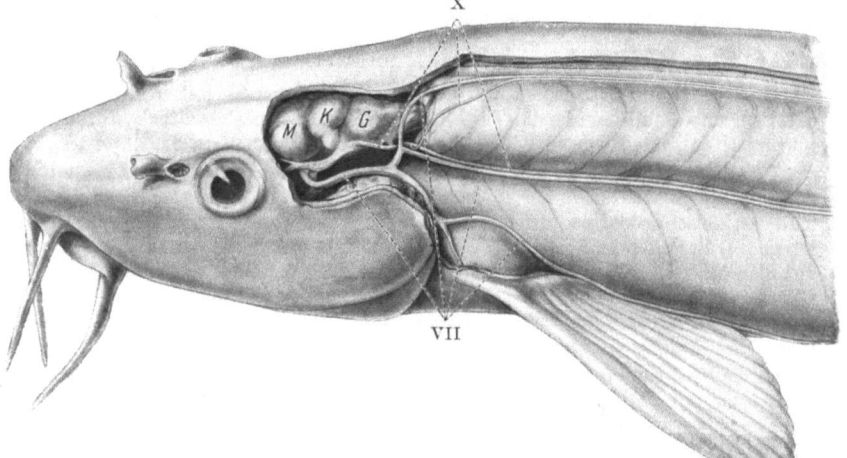

Abb. 16. Innervierung von Geschmacksknospen und Seitenorganen am Rumpf der Bartgrundel (nach Entfernung von Haut, Schädelkapsel und Bogengangsapparat). X R. lat. X mit seinem Rückenkantenast, VII R. lat. acc. VII mit den drei Ästen, in denen er sich aufteilt. G das stark entwickelte Geschmackszentrum, K Kleinhirn, M Mittelhirn.

der Hauptsache nach mit dem R. lat. X vereinigt (vgl. Abb. 8, S. 177). Die Bartgrundel nimmt eine Mittelstellung ein zwischen Cypriniden und den übrigen Fischen, indem der rückläufige Facialisast am Ursprung weder dorsal noch ventral verläuft und sich ferner 2 seiner Zweige zwar dem R. lat. X und seinem dorsalen Ast eng anlegen, ohne aber mit ihnen zu verschmelzen[2].

STANNIUS scheint diese Verhältnisse übersehen zu haben. Wenigstens erwähnt er ausdrücklich (S. 107), daß dem Schlammpeitzger zwar ein Rückenkantenast aus dem Truncus lat. X zukommt, dagegen ein „R. lat. trigemini" vollständig fehlt. Ich habe mich durch Präparation eines Schlammpeitzgers davon überzeugt, daß die Nerven dort im wesentlichen wie bei der Bartgrundel verlaufen.

Oben (S. 182) wurde schon erwähnt, daß das Wahrnehmungsvermögen für Wasserbewegungen am Rumpf erlischt, sobald der R. lat. X und sein

---

[1] An der Innervierung der *inneren* Geschmacksknospen (Mundhöhle, Kiemenbögen usw.) beteiligen sich Facialis, Glossopharyngeus und Vagus.

[2] Ob feine Anastomosen zwischen den Seitennervensystemen des Facialis und des Vagus bestehen oder nicht, läßt sich durch bloße Präparation unter der Lupe nicht sicher entscheiden.

dorsaler Zweig durchtrennt werden. Die Erhaltung oder Zerstörung des R. lat. acc. VII und seiner Äste hat darauf keinen Einfluß. Nun sollte die Wirkung auf das *Schmeckvermögen* untersucht werden.

Hungrige (blinde) Bartgrundeln reagieren bei Berührung ihrer Schwanzseite mit einem Fleischbröckchen[1] momentan mit Hinwenden des Kopfes. Manchmal erhält man die gleiche Reaktion beim „Aufträufeln" (unter Wasser) von konzentriertem Fleischsaft.

Bei einer Bartgrundel wurde der R. lat. acc. VII an einer Seite proximal von der Verzweigungsstelle durchtrennt. Es wurde dann mit einem Fleischbröckchen jeweils erst die operierte und gleich danach die gesunde Seite berührt. Von 21 Versuchen (in 8 Tagen) reagierte der Fisch 9mal auch an der operierten Seite, zumeist schon beim Annähern des Bröckchens; 12mal aber erfolgte an dieser Seite keine oder eine Schreckreaktion, während sich der Fisch wie immer mit einem Ruck hinwendete, sowie die intakte Seite berührt wurde. Zeigt sich schon hier ein Unterschied in der Empfindlichkeit beider Seiten, so bleibt der Versuch in dieser Form natürlich unzulänglich, da die Tiere auch ohne Geschmackseindruck durch Berührung (Hauttastsinn) und Wasserbewegung (Seitenorgane) alarmiert werden.

Zunächst wurden daher die Seitenorgane des Rumpfes beiderseits ausgeschaltet, die Endknospen wiederum nur an einer Seite. Auf ein nahe der anderen Seite gehaltenes Fleischbröckchen erfolgte plötzliches Hinwenden; besser auf ein (sehr schwaches) Strömchen Fleischsaft. Mit Wasser aus dem Versuchsbecken an Stelle von Fleischsaft erhielt man keine Reaktion[2]. Reizung der Gegenseite blieb erfolglos. Damit war einmal nachgewiesen, *daß die Bartgrundel an der Flanke schmecken kann*, ferner, *daß der Geschmackseindruck lokalisiert wird* und endlich, *daß die vom Facialis innervierten Endknospen das wahrnehmende Sinnesorgan darstellen*.

Da die Reaktionen bei Berührung mit dem Fleischstückchen lebhafter sind als bei Reizung mit Fleischsaft wurde außer den Seitenorganen auch der Hauttastsinn am Rumpf ausgeschaltet (Durchtrennung des Rückenmarks hinter dem Kopf[3]). Die so operierte Bartgrundel ging einige Tage nach der Operation wieder ans Futter und lebte über einen Monat. Schwimmen konnte sie nicht mehr; sie reagierte aber noch durch lebhafte Schnappbewegungen, Hin- und Herwenden des Kopfes und Bewegungen der Brustflossen, und zwar sobald man die Flanke an der Seite, an der die Geschmacksknospen intakt gelassen waren, mit dem Fleischbröckchen berührte (manchmal auch auf ein Fleischsaftströmchen, auch an der Schwanzflosse). Berührung mit einem Glasstäbchen blieb erfolglos.

Einem zweiten Tier war das Rückenmark in der Höhe der Afterflosse durchtrennt worden. Am Tage nach der Operation traten bei Berührung der Haut hinter der Schnittstelle mit einem Glasstäbchen regelmäßige, orientierte Reflexe auf, und zwar wurde der gelähmte Schwanzabschnitt *nach der jeweils gereizten Seite eingebogen*. Die Schwanzflosse selbst zuckte bei Berührung leicht zusammen. Die gleichen Reaktionen löste auch Anspritzen mit einem Pipettenströmchen aus der Nähe aus[4]. Die Reflexe erfolgten an beiden Seiten mit der gleichen Präzision. Kniff man die Schwanzflosse mit einer Pinzette, dann bot sich ein eigenartiges Bild, in dem der gelähmte Schwanzabschnitt „qualvolle" Krümmungen ausführte, ohne daß der Fisch sonst reagierte; leichte Quetschung von Brust- oder Bauchflossen löste sofort schreckhaftes Wegschießen aus.

---

[1] Es handelte sich um rohes Pferdefleisch.

[2] Das war zu erwarten, denn das Strömchen war so schwach, daß eine Erregung des Hauttastsinnes nicht in Frage kam (S. 186).

[3] Für die Operationstechnik vgl. S. 186.

[4] Die Rumpfseitenorgane waren beiderseits, die Geschmacksknospen nur an einer Seite ausgeschaltet.

Das Futter wurde verweigert und der Fisch reagierte darauf mit Speibewegungen. Diese Reaktion erfolgte nicht nur am Kopf, sondern auch bei Berührung des Schwanzes hinter der Schnittstelle, und zwar nur an der Seite, an der die Geschmacksknospen intakt gelassen waren.

Zusammenfassend ergibt sich, daß die Endknospen in der äußeren Haut der Bartgrundel, die von einem rückläufigen Ast des Facialis versorgt werden, Geschmackssinnesorgane darstellen. Örtliche Geschmackseindrücke am Rumpf können lokalisiert werden.

Zusammenfassung.

1. Fische [1] besitzen allgemein die Fähigkeit, feste Körper mittels Wasserbewegungen in einiger Entfernung wahrzunehmen. Die Reize werden lokalisiert. Bewegte Körper werden nach ihrer Größe und Annäherungsgeschwindigkeit unterschieden.

2. Eine biologische Bedeutung dieses „Ferntastsinnes" hat sich bei geblendeten Fischen nach mehreren Seiten gezeigt; so besonders beim Auffinden von Beutetieren und bei der Flucht vor Feinden, ferner für das Ausweichen von Hindernissen und in einem Fall für die Beziehungen zwischen Artgenossen.

3. Ausschaltung der Seitenorgane hebt das Fernwahrnehmungsvermögen für feste Körper auf. Bei partieller Ausschaltung ist der operierte Teil unempfindlich, während die Empfindlichkeit der intakten Abschnitte nicht herabgesetzt wird. Das Seitenorgansystem wäre seiner biologischen Aufgabe gemäß mit dem Ausdruck „Ferntastorgan" zu bezeichnen.

4. Neben den Sinnesorganen in Kanälen persistieren bei allen Fischen zeitlebens freie Sinneshügel. Sowohl freie Organe als Kanalorgane dienen dem Ferntastsinn, indem sie von den schwachen Strömungs- bzw. Druckreizen erregt werden, die bei der Bewegung und Annäherung fester Körper entstehen.

5. Den oberflächlichen, freien Sinneshügeln sitzen säulchenförmige „Cupulae" auf, die die Sinneshaare umgeben und etwa senkrecht ins Wasser hinausragen. Von äußeren Strömungen werden sie passiv abgebogen, um vermöge ihrer Elastizität wieder in die gestreckte Ausgangsstellung zurückzukehren. Dies konnte am lebenden Fisch beobachtet werden.

6. Die Reizung der Kanalorgane erfolgt in prinzipiell ähnlicher Weise. Von den äußeren Strömungen werden wahrscheinlich nur die beim Auftreffen auf den Fischkörper erzeugten, lokalen Druckdifferenzen wahrgenommen, die momentane und geringe örtliche Verschiebungen des Kanalinhalts und somit Bewegungen der (auch hier vorhandenen) Cupulae bewirken müssen.

7. Feine Wasserstrahlen können von den Seitenorganen wahrgenommen werden, jedoch kann der Hauttastsinn an der Wahrnehmung

---

[1] Das gleiche gilt für wasserbewohnende Amphibien.

beteiligt sein. Das ist der Fall, wenn die Strahlen aus geringer Entfernung auftreffen und eine gewisse Stärke besitzen; der untere Schwellenwert wurde vor und nach Ausschaltung der Seitenorgane zahlenmäßig bestimmt.

8. Die rheotaktische Einstellung der Fische gegen gerade Ströme stützt sich fast ausschließlich auf die sinnliche Verbindung mit der festen Umgebung. Neben dem Auge ist — durch Tangorezeption des Untergrundes — der Hauttastsinn von wesentlicher Bedeutung. Eine direkte Wahrnehmung von Strömungsreizen mittels der Seitenorgane spielt nur in beschränkten Fällen eine Rolle und kann keine dauernde Einstellung gewährleisten. Die Bedeutung der Seitenorgane für die Rheotaxis bleibt hinter der von Auge und Tastsinn bei weitem zurück. Das Labyrinth ist nicht beteiligt.

9. Die Einstellung gegen Kreisströme von kleinem Durchmesser wird dagegen stark vom Labyrinth (Drehungssinn) geleitet. Ferner kann, wie beim geraden Strom, neben dem Auge der Tastsinn von Bedeutung sein. Die Seitenorgane sind (im homogenen Kreisstrom) unbeteiligt.

10. Die Seitenorgane sind an der Kontrolle der Fortbewegung nicht beteiligt. Ihr Aufgabenbereich ist auch sonst von dem des Labyrinthes scharf geschieden. Die genetische Verwandtschaft beider Organe drückt sich physiologisch nur in der Ähnlichkeit des Erregungsvorganges aus.

11. Fische sind an allen Stellen der äußeren Haut empfindlich für Berührung mit festen Körpern. Das Organ des Tastsinnes sind freie Nervenendigungen in der Haut. Der Tasteindruck wird lokalisiert.

12. Die Bartgrundel *(Nemachilus barbatulus)* besitzt in der Haut des ganzen Rumpfes Schmeckvermögen, das seinen Sitz in den (von einem Ast des Facialis innervierten) Endknospen hat. Auch Geschmackseindrücke können lokalisiert werden.

Literaturverzeichnis.

Baglioni, S.: Zur Kenntnis der Leistungen einiger Sinnesorgane (Gesichtssinn, Tastsinn und Geruchssinn) und des Zentralnervensystems der Cephalopoden und Fische. Z. Biol. **53** (1910). — **Bateson, W.:** The sense-organs and perceptions of fishes; with remarks on the supply of bait. J. Mar. biol. Assoc. U. Kingd., N. s. **1** (1889—1890). — **Bodenstein, E.:** Der Seitenkanal von *Cottus gobio*. Z. Zool. **37** (1882). — **Cole, F. J.:** Observations on the structure and morphology of the cranial nerves and lateral sense organs of fishes; with special reference to the Genus *Gadus*. Trans. Linnean Soc. Lond., II. s. **7** (1898). — **Dercum, F.:** The lateral sensory apparatus of fishes. Proc. Acad. natur. Sci. Philad. 1879. — **M'Donell, R.:** On the system of the „lateral line" in fishes. Trans. roy. irish Acad. **24** (1860). — **Dotterweich, H.:** Bau und Funktion der LORENZINIschen Ampullen. Zool. Jb., Abt. Physiol. **50** (1932). — **Emery, C.:** Le Specie del Genere *Fierasfer*. Fauna und Flora des Golfs von Neapel. 2. Monographie, 1880. — **Fischer, M. H.:** Körperstellung und Körperhaltung bei Fischen, Amphibien, Reptilien und Vögeln. Handbuch der normalen und pathologischen Physiologie, Bd. **15**, I. 1930. — **Friedrich-Freksa, H.:** Lorenzinische Ampullen bei dem Siluroiden *Plotosus anguillaris*

Bloch. Zool. Anz. 87 (1930). — **Frisch, K.** v. u. **H. Stetter:** Untersuchungen über den Sitz des Gehörsinnes bei der Elritze. Z. vergl. Physiol. 17 (1932). — **Goode, G. B.** and **T. H. Bean:** Oceanic Ichthyology. Mem. Mus. comp. Zool. Harvard Coll. **22** (1896). — **Hempelmann, F.:** Tierpsychologie. Leipzig 1926. — **Herrick, C. J.:** The cranial and first spinal nerves of Menidia: a contribution upon the nerve components of the bony fishes. J. comp. Neur. **9** (1899). — The cranial nerves and cutaneous sense organs of the north american siluroid fishes. J. comp. Neur. 11 (1901). — The organ and sense of taste in fishes. Bull. U. S. Fish Commission **22** (1902). — **Herter, K.:** Tastsinn, Strömungssinn und Temperatursinn der Tiere und die diesen Sinnen zugeordneten Reaktionen. Zool. Bausteine 1 I. Berlin 1925. — Tierphysiologie. II. Reizerscheinungen. Sammlung Göschen, Bd. 973. Berlin und Leipzig 1928. — **Hofer, B.:** Studien über die Hautsinnesorgane der Fische. I. Die Funktion der Seitenorgane bei den Fischen. Ber. kgl. bayer. biol. Versuchsstation München 1 (1908). — **Hyrtl, J.:** Über den Seitenkanal von *Lota*. Sitzgsber. Akad. Wiss. Wien, Math.-naturwiss. Kl. 1866. — **Kramer, G.:** Untersuchungen über die Sinnesleistungen und das Orientierungsverhalten von *Xenopus laevis*. Zool. Jb., Abt. Physiol. **52** (1933). — **Lee, F. S.:** The function of the ear and the lateral line in fishes. Amer. J. Physiol. 1 (1898). — **Leydig, F.:** Über die Schleimkanäle der Knochenfische. Müllers Arch. Anat., Physiol. u. wiss. Med. 1850. — Über die Nervenknöpfe in den Schleimkanälen von *Lepidoleprus*, *Umbrina* und *Corvina*. Müllers Arch. Anat., Physiol. u. wiss. Med. 1851. — Beiträge zur mikroskopischen Anatomie und Entwicklungsgeschichte der Rochen und Haie. Leipzig 1852. — **Lißmann, H. W.:** Die Umwelt des Kampffisches *(Betta splendens)*. Z. vergl. Physiol. 17 (1932). — **Löwenstein, O.:** Experimentelle Untersuchungen über den Gleichgewichtssinn der Elritze (*Phoxinus laevis* L.). Z. vergl. Physiol. **17** (1932). — **Lyon, E. P.:** On rheotropism. I. Rheotropism in fishes. Amer. J. Physiol. 12 (1905). — **Malbranc, M.:** Von der Seitenlinie und ihren Sinnesorganen bei Amphibien. Z. Zool. **26** (1876). — **Manigk, W.:** Der Trigemino-Facialis-Komplex und die Innervation der Kopfseitenorgane der Elritze *(Phoxinus laevis)*. Z. Morph. und Ökol. Tiere **28**, 64 (1933). — **Matthes, E.:** Die Rolle des Gesichts-, Geruchs- und Erschütterungssinnes für den Nahrungserwerb von *Triton*. Biol. Zbl. 44 (1924). — **Merkel, F.:** Über die Endigungen der sensiblen Nerven in der Haut der Wirbeltiere. Rostock 1880. — **Metcalf, H. E.:** The ampullae of LORENZINI in *Acanthias vulgaris*. Trans. amer. microsc. Soc. **34** (1915). — **Parker, G. H.:** The function of the lateralline organs in fishes. Bull Bur. Fisheries. 24 (1904). — The sense of taste in fishes. Science (N. S.) 27, S. 453 (1908). — The influence of the eyes, ears and other allied sense organs on the movements of the Dogfish, *Mustelus canis*. Bull. Bur. Fisheries. **29** (1909). — **Parker, G. H.** and **A. P. v. Heusen:** The reception of mechanical stimuli by the skin, lateral-line organs and ears in fishes, especially in *Amiurus*. Amer. J. Physiol. 44 (1917). — **Pfüller, A.:** Beiträge zur Kenntnis der Seitensinnesorgane und Kopfanatomie der Macruriden. Jena. Z. Naturwiss. **52** (1914). — **Plate, L.:** Allgemeine Zoologie und Abstammungslehre. II. Sinnesorgane. Jena 1924. — **Popovici, Z.:** Untersuchungen über die Seitenlinie der Knochenfische. Jena. Z. Naturwiss. **65** (1930). — **Prandtl, L.:** Abriß der Strömungslehre. Braunschweig 1931. — **Rauther, M.:** Die Syngnathiden des Golfs von Neapel. Fauna und Flora des Golfs von Neapel. 36. Monographie, 1925. — **Rode, P.:** Recherches sur l'organ sensoriel latéral des téléostéens. Bull. biol. France et Belg. **63** (1929). — **Sarasin, P.** u. **F.:** Ergebnisse naturwissenschaftlicher Forschungen auf Ceylon. II. Zur Entwicklungsgeschichte und Anatomie der ceylonesischen Blindwühle, *Ichthyophis glutinosus* L. Wiesbaden 1887—1890. — **Scharrer, E.:** Experiments on the function of the lateral-line organs in the larvae of *Amblystoma punctatum*. J. of exper. Zool. 61(1932). **Schiche, O.:** Reflexbiologische Studien an Bodenfischen. I. Beobachtungen an *Amiurus nebulosus*. Zool. Jb., Abt. allg. Zool. 38 (1921). — **Schiemenz, F.:** Das Verhalten der Fische in Kreisströmungen und geraden Strömungen als Beitrag zur Orientierung der Fische in der freien, natürlichen Wasserströmung. Z. vergl. Physiol. 6 (1927). — **Schmidberger, G.:** Über die Bedeutung der Schnurrhaare bei Katzen. Z. vergl. Physiol. 17 (1932). — **Schulze, F. E.:** Über die Nervenendigung in den sogenannten Schleimkanälen der Fische und über entsprechende Organe der durch Kiemen atmenden Amphibien. Arch. Anat. Physiol. u. wiss. Med. 1861. — Über die becherförmigen Organe der Fische. Z. Zool. 12 (1863). — Über die Sinnesorgane der Seitenlinie bei Fischen und Amphibien. Arch. mikrosk. Anat. 6 (1870). — **Sède, P. de:** Recherches sur la ligne latérale des poissons osseux. Thèses prés. Fac. Sci. Paris 1884. — **Smith, G. M.:** A mechanism of intake and expulsion of colored fluids by the lateral line canals as seen experimentally in the Goldfish *(Carassius auratus)*. Biol. Bull. Mar. biol. Labor. Wood's Hole 58 (1930). — **Solger, B.:** Zur Kenntnis der Seitenorgane, Zbl. med. Wiss. 37 (1877). — II. Mitteilung über Seitenorgane der Knochenfische. Zbl. med. Wiss. 45 (1877). — Über die Seitenorgane der Fische. Leopoldina (Lpz.) 14 (1878). — Neue Untersuchungen zur Anatomie der Seitenorgane der Fische. I—III. Arch. mikrosk. Anat. 17/18 (1879—80). — **Stahr, H.:** Zur Funktion der Seitenorgane. Biol. Zbl. 17 (1897). — **Stannius, H.:** Das peripherische Nervensystem der Fische, anatomisch und physiologisch untersucht. Rostock 1849. — **Steinhausen, W.:** Über den Nachweis der Bewegung der Cupula in der intakten Bogengangsampulle des Labyrinthes bei der natürlichen rotatorischen und calorischen Reizung. Pflügers Arch. 228 (1931). — **Steinmann, P.:** Untersuchungen über die Rheotaxis der Fische. Verh. dtsch. zool Ges. 1914. — Über die Bedeutung des Labyrinthes und der Seitenorgane für die Rheotaxis und die Beibehaltung der Bewegungsrichtung bei Fischen und Amphibien. Verh. naturforsch. Ges. Basel 25 (1914). — Wie es der Fisch anstellt, um sich vor dem Weggeschwemmtwerden zu schützen. Schweiz. Fischereiztg. 1928. — **Traquair, R. H.:** On the asymmetrie of the *Pleuronectidae*, as elucidated by an examination of the skeleton in the Turbot, Halibut and Plaice. Trans. Linnean Soc. Lond. 25 (1865). — **Tullberg, T.:** Das Labyrinth der Fische, ein Organ zur Empfindung der Wasserbewegungen. Bihang K. sv. Vet. Akad. Hdl. 28 (1903). — **Wunder, W.:** Sinnesphysiologische Untersuchungen über die Nahrungsaufnahme bei verschiedenen Knochenfischarten. Z. vergl. Physiol. 6 (1927).

Aufnahmebedingungen:

1. Die Arbeit muß wissenschaftlich wertvoll sein und Neues bringen. Sie darf noch nicht — ganz oder teilweise — in einer der vier Weltsprachen veröffentlicht sein. Bloße Bestätigung bereits anerkannter Befunde können höchstens in kürzester Form Aufnahme finden. Vorläufige Mitteilungen sind unerwünscht. Polemiken sind auf Richtigstellung des Tatbestandes zu beschränken. Aufsätze rein spekulativen Inhalts werden nur ausnahmsweise dann aufgenommen, wenn sie geeignet sind, die Experimentalforschung anzuregen.
2. Die **Darstellung** muß kurz und in fehlerfreiem Deutsch gehalten sein. Ausführliche historische Einleitungen sind zu vermeiden. Es genügt in der Regel, wenn durch wenige Sätze die behandelte Fragestellung klargelegt und durch einige Literaturnachweise der Anschluß an frühere Untersuchungen hergestellt wird.
   Der Weg, auf dem die Resultate gewonnen wurden, muß klar erkennbar sein; jedoch hat eine ausführliche Darstellung der Methode nur dann Wert, wenn die Methodik wesentlich Neues enthält.
3. Mit der Beigabe von **Abbildungen** ist so sparsam wie möglich zu verfahren. Nach Möglichkeit sollten sich die Vorlagen, die in reproduktionsfähigem Zustand einzuliefern sind, für Strichätzung eignen. Die Vorlagen sind auf besonderen Blättern einzuliefern. Die Unterschriften zu den Abbildungen sind nicht auf den Vorlagen anzubringen, sondern dem Text auf besonderen Blättern beizufügen.
4. Jeder Arbeit ist am Schluß eine kurze **Zusammenfassung** der wesentlichsten Ergebnisse anzufügen. Sie soll den Raum einer Druckseite im allgemeinen nicht überschreiten.
5. Bei der Einsendung des Manuskriptes ist vom Autor anzugeben, ob der Inhalt der Arbeit schon an anderer Stelle mitgeteilt oder ob das Manuskript bereits einer anderen Zeitschrift zum Abdruck angeboten wurde. Fehlt die Erklärung, so geht dem Autor ein Fragebogen zu.
6. **Literaturangaben** sind bei Zeitschriftenaufsätzen mit Titel, Angabe von Band, Seite und Jahreszahl, bei Büchern mit Titel, Verlagsort und Jahreszahl anzugeben.
7. **Methodisches, Nebensächliches und Protokolle** sind vom Autor für Kleindruck anzumerken.
8. **Doppeltitel** von Arbeiten, insbesondere solche, bei denen im Obertitel ein anderer Autorname genannt ist als im Untertitel, sind aus bibliographischen Gründen tunlichst zu vermeiden.
9. Das Institut, aus dem die Arbeit hervorgegangen ist, ist über dem Titel anzugeben.

Vor kurzem erschien:

Kurzes Lehrbuch der anorganischen Chemie

Von

Niels Bjerrum

Professor der Chemie
an der Königl. Landwirtschaftl. u. Tierärztl. Hochschule in Kopenhagen

Aus dem Dänischen übersetzt und deutsch herausgegeben von

Ludwig Ebert

a. o. Professor für Physikal. Chemie an der Universität Würzburg

Mit 17 Abbildungen. XII, 356 Seiten. 1933. RM 7.50; gebunden RM 8.30

Professor Ebert-Würzburg, der mehrere Jahre im Bjerrumschen Laboratorium in Kopenhagen gearbeitet hat, hat sich entschlossen, das in Skandinavien wohlbekannte Buch deutsch herauszugeben, weil es bei beschränktem Umfange in besonders glücklicher Form dem Anfänger diejenigen allgemeinen Dinge nahezubringen vermag, die für ihn von dem ersten Anfang seiner Tätigkeit an notwendig sind. Bei der Ungleichmäßigkeit der Vorbildung, die die Studenten mitbringen, schien auch die von Bjerrum gewählte spezielle Art der Verwebung von Tatsachenbericht und Theorie gut dem nötigen Kompromiß zu entsprechen. Das Bjerrumsche Buch ist aus langjährigen Unterrichtserfahrungen an einem biologisch und medizinisch interessierten Schülerkreis hervorgegangen. Den Angaben über biologische, medizinische und landwirtschaftliche Anwendungen ist besondere Aufmerksamkeit zugewendet worden. Dabei sind die Beispiele auf solche beschränkt, die entweder allgemeine Bedeutung haben oder für die Tätigkeit der Studenten wichtig sind. Neu ist die Behandlung der Säure-Basen-Systeme, die vom Autor erstmalig in die letzte dänische Auflage aufgenommen wurde und die auch für den Anfänger eine Erleichterung und einen begrüßenswerten Fortschritt in der Pädagogik der Chemie bedeuten dürfte.

VERLAG VON JULIUS SPRINGER IN BERLIN

MIX
Papier aus verantwortungsvollen Quellen
Paper from responsible sources
FSC® C105338

If you have any concerns about our products,
you can contact us on
ProductSafety@springernature.com

In case Publisher is established outside the EU,
the EU authorized representative is:
**Springer Nature Customer Service Center GmbH
Europaplatz 3, 69115 Heidelberg, Germany**

Printed by Libri Plureos GmbH
in Hamburg, Germany

MIX
Papier aus verantwortungsvollen Quellen
Paper from responsible sources
FSC® C105338

If you have any concerns about our products,
you can contact us on
ProductSafety@springernature.com

In case Publisher is established outside the EU,
the EU authorized representative is:
**Springer Nature Customer Service Center GmbH
Europaplatz 3, 69115 Heidelberg, Germany**

Printed by Libri Plureos GmbH
in Hamburg, Germany